爱上科学

Science

科技与工程之旅

ENGINEERING

AN ILLUSTRATED HISTORY FROM ANCIENT CRAFT TO MODERN TECHNOLOGY

[英] 汤姆·杰克逊（Tom Jackson）著
喔晓宇 译

人 民 邮 电 出 版 社
北 京

图书在版编目（CIP）数据

科技与工程之旅 / （英）汤姆·杰克逊
(Tom Jackson) 著 ; 隰晓宇译. -- 北京 : 人民邮电出
版社, 2018.11(2023.3重印)
（爱上科学）
ISBN 978-7-115-48982-1

Ⅰ. ①科… Ⅱ. ①汤… ②隰… Ⅲ. ①科学技术—普
及读物 Ⅳ. ①N49

中国版本图书馆CIP数据核字(2018)第175759号

◆ 著 [英] 汤姆·杰克逊（Tom Jackson）
译 隰晓宇
责任编辑 魏勇俊
责任印制 彭志环

◆ 人民邮电出版社出版发行 北京市丰台区成寿寺路 11 号
邮编 100164 电子邮件 315@ptpress.com.cn
网址 https://www.ptpress.com.cn
涿州市京南印刷厂印刷

◆ 开本：889×1194 1/20
印张：7 2018 年 11 月第 1 版
字数：267 千字 2023 年 3 月河北第 2 次印刷
著作权合同登记号 图字：01-2017-1809 号

定价：79.00 元

读者服务热线：(010)81055493 印装质量热线：(010)81055316
反盗版热线：(010)81055315
广告经营许可证：京东市监广登字 20170147 号

内容提要

本书将带你进行一场科技与工程的奇妙之旅，领略从古代工艺到现代科技的发展历程，从桥梁、隧道、摩天大楼等各式各样的重大的工程项目，到汽车、无人机、磁悬浮列车、人造卫星、航天飞船、机器人等不断更新的人工智能产品，展示人类发展史上重大的工程和科技创新，以及其背后的原理知识，同时还将带你了解那些伟大的科学家和工程学家们。全书图文并茂，语言通俗易懂，是一本老少皆宜的科普读物。

Contents

目 录

工程奇迹背后的历史轨迹

上页上图：公元一世纪的罗马人在万神庙的建造中将穹顶的艺术发挥到了极致，这也是混凝土建筑的一个早期实例。

前　言

在许多伟大的工程中，工程师的作用总会被人们所忽视。人们赞美科学家，因为他们拓展了我们的知识领域，殊不知利用这些知识改变了世界的人，恰恰就是工程师。工程技术是对科学的应用实践，自人类文明诞生以来，就不断地改善着我们的生活。

上图：这把有着 200 万年历史的手斧是用拳头大小的石头凿制的一种楔形刀具，虽然看起来并不像，但它是世界上最早的工具之一。

伟大的思想和成就背后，总有许多不凡的故事，本书中共有 100 个故事，每段故事都阐述了一个引人深思的重大发明，是它们改变了我们的城市、乡村、家庭和日常生活。

人们对“工程师”这一称谓的理解因人而异，一些人认为，工程师是负责修理东西的人，但工程技术的意义远不止于此。可以说，整个工程技术史代表了人类文明的发展史。在每段文明中，人们都发展出了新的技术，独特的工具、机器以及施工技术。从巴比伦、古埃及，到印加、罗马，每段文明的兴衰都与它们的工程技术密不可分。工程师的使命是推动技术的进步，他们利用现有的知识，以富有想象力的方式来解决问题。这些问题或许是一台新机器的发明，或许是对旧有生产流程的改进。科学家对这个世界探究得越为透彻，工程师能发展出的技术就越为先进。

早期起源

技术总是在不断地更新和改进。环顾四周，我们就能看到很多几个世纪以来人们的工程技术成果。实际上，工程技术的发展史比人类自身的历史还要长。人类的远亲在三百多万年前就开始制造石器工具，并依靠这项技术得以生存。

发展壮大

在人类早期，技术发展的进程非常缓慢，人们花费了数十万年才发展出较为先进的工具和新的制造方法。但自此之后，技术的发展奋起直追。古代文明对工程技术的发展做出了重大的贡献，古代的工程师们发明了船只，学会了使用火，制造出陶器、砖块，甚至混凝土，并学会了炼造和使用铜、铁等金属。值得一提的是，人们在 5000 多年前就发明了车轮。

时至今日，人们仍在享受这些技术发展的成果，发动机利用燃料燃烧的热量来产生动能；计算机旋转的硬盘就像时钟的齿轮或磨面粉的磨盘；混凝土和钢（一种强化的铁）成为了我们建筑中最常用的材料，用来建造最宽的桥梁、最高的摩天大楼、拦截最大河流的巨大水坝。

技术革命

现代工程技术变革的步伐总是让人难以捉摸。一种技术总会被另一种技术所取代，而变革是永恒的主

右图：建于公元前 2500 年左右的吉萨金字塔，高达 147m，是世界上最高的建筑，这个记录直到 1311 年才被林肯大教堂打破。

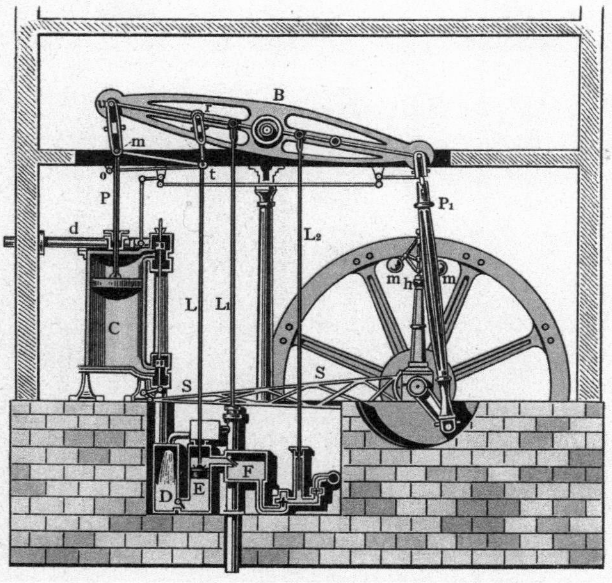

左图：1712 年，托马斯·纽科门的蒸汽机是世界上第一台实用的蒸汽动力机器。这台机器用于煤矿排水，而矿井开采出的煤用来为新型蒸汽机提供动力。

下图：这个电脑控制的金属家伙叫阿特拉斯（ATLAS）。它可以自己行走、举起物体和打开门。未来像阿特拉斯这样的机器人可能会很常见，可以代替人类完成困难或危险的工作。

题。这种不断变革的步伐可以追溯到最早的技术革命。提到技术革命，你可能会想到“工业革命”，但还有一个更早的革命——始于 18 世纪的“农业革命”。随着播种机和改良犁等新技术在英国的发展，用更少的人为全部人口种植足够的粮食成为可能。这为工业革命中的工厂中的新岗位提供了劳动力。

展望未来

工业革命几乎贯穿了整个 19 世纪，人类社会在这一时期发生了翻天覆地的变化。工程师们探索出大规模制造产品的方法，发明了火车、汽车、远洋轮船和第一批飞行器。在此之后，是大量的复制和扩张。现今世界上一半以上的人口都搬出了乡村，居住在城市中。城市及其中的道路、下水道、电网和摩天大楼，都是工程师创造出的人造栖息地。在未来，我们可能会在太空中建造家园，发明出能够独立思考的机器人为我们工作。这些技术都需要动力、原材料，并会产生污染。这些迫在眉睫的问题，都是对工程师的考验。

科学的实践

工程师们的工作包含了许多领域，而在每个领域中他们都会提出一个同样的问题：如何应用现有的知识来解决问题或改善我们的生活。下面让我们看一下主要的工程类型，是它们共同创造了我们现代乃至未来的世界。

航空航天工程

所有在空气中穿梭的机械都要经过航空航天工程师的设计。其中不仅包括飞机，还有汽车和火车。航空航天工程师研究空气在机械周围的流动方式，并尽可能地减小阻力。

民用建筑工程

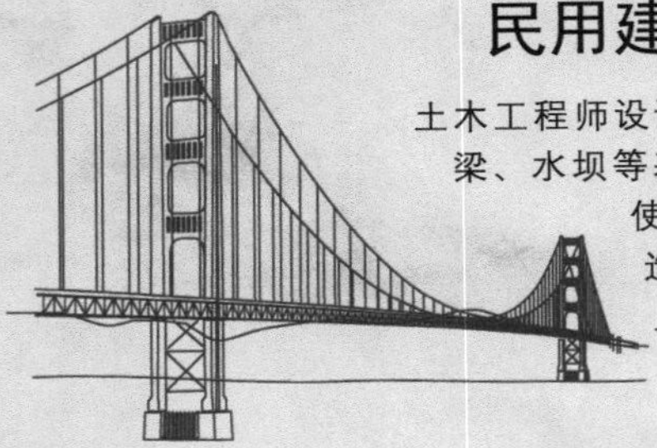

土木工程师设计并建造了道路、桥梁、水坝等基础设施。他们通常使用混凝土和钢材，建造出能维持数十年以上的结构。

工业工程

工厂中使用的机器和工具都是由工业工程师建造的。这是一个复杂的领域，需要多个系统的协同工作，来保证工业生产的安全和高效。

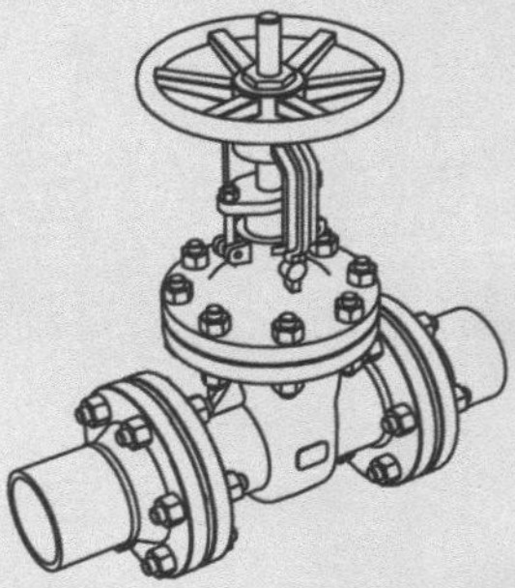

环境工程

环境工程领域的工程师们负责寻找污染和生态破坏问题的工程解决方案。其中包括可再生能源（例如太阳能）的开发。此外，环境工程师还在寻找重建气候的方法。

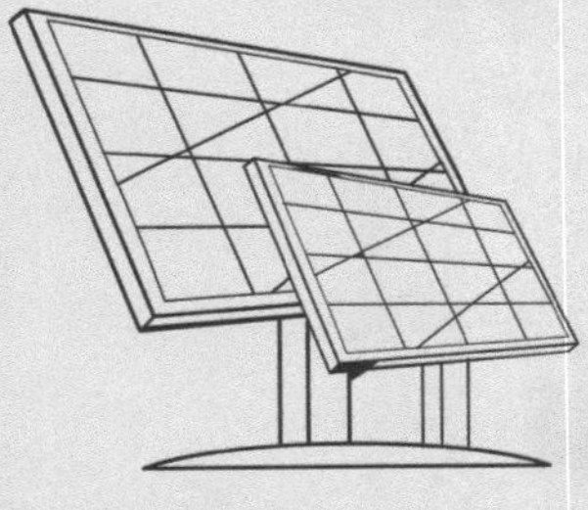

结构工程

结构是工程建造中最古老的组成部分，用来确保构筑物足够坚固和耐久。结构工程师涉及的领域非常广泛，从小木屋到高耸入云的摩天大楼。

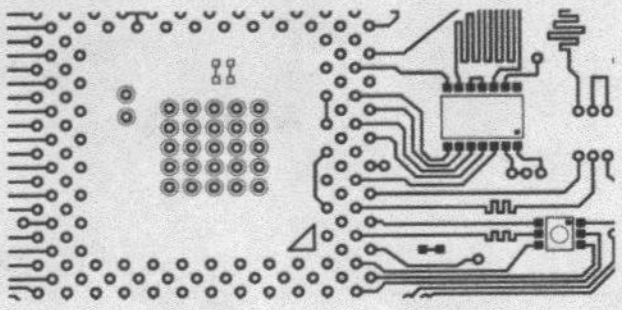

计算机工程

计算机工程师负责开发硬件设备（电子、显示器和输入设备）和软件程序。硬件和软件必须协同运行。

海洋工程

海洋工程又称船舶工程，它涉及一切漂浮在水上或建在水中的机械。除了设计能够平稳快速行驶的船舶以外，船舶工程师的研究领域还包括研发船用的大型发动机。

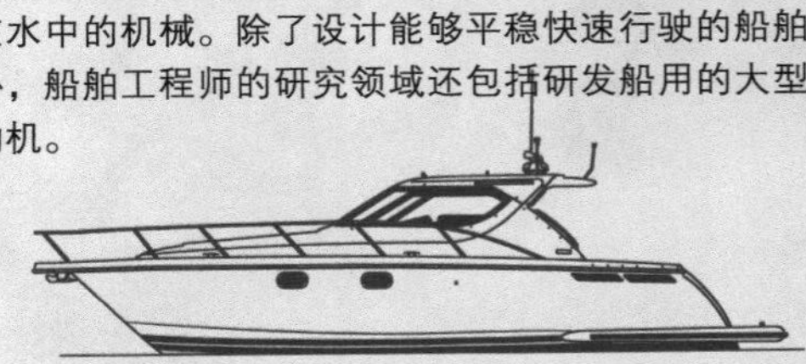

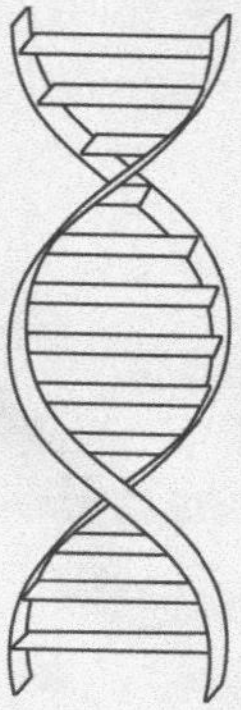

基因工程

基因工程师们能够将基因工程与生物学结合到一起，通过编辑遗传密码的方式来创造新的生命形式。这项技术可以将一个物种的基因嫁接到另一个物种上，并且有朝一日可能会实现基因全人造化。

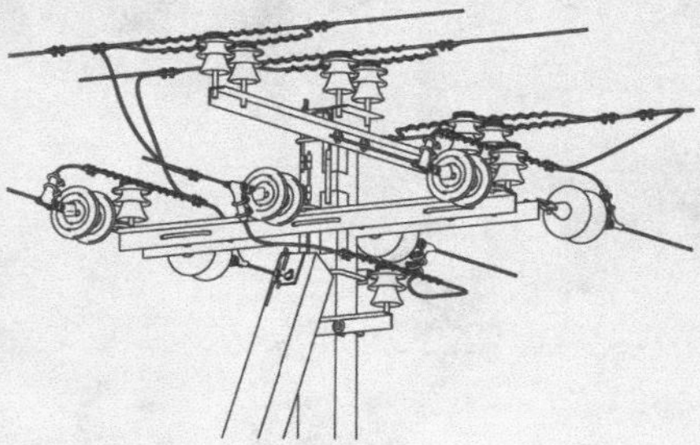

电力工程

电力工程这个庞大的工程学分支，涵盖了从建设发电厂、安全供电网络到设计实用电器，从烤箱到汽车，无所不包。现今电力工程师面临的一个巨大挑战是开发出新的电池或电力存储系统。

化学工程

化学工程指的是从原材料中提取有用化学物质的工业生产过程。虽然目前大多数的化学制品来自于石油，工程师们仍在寻找石油的替代品，如煤炭、甚至空气中的气体等。

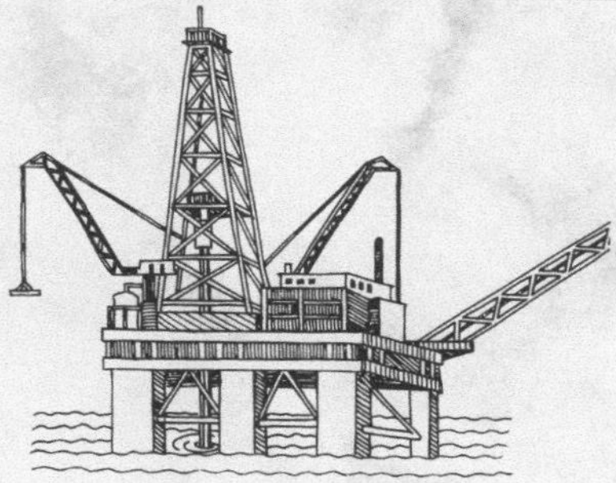

机械工程

机械工程作为传统工程领域的一部分，研究一切包含活动部件的东西。其中包括杠杆、车轮和螺钉等简单部件，还包括将它们组合到一起制造的复杂设备。机械工程还发明了将热能转化为动能的发动机。机械工程师在许多领域都发挥了他们的重要作用，从汽车制造到机器人的研发。

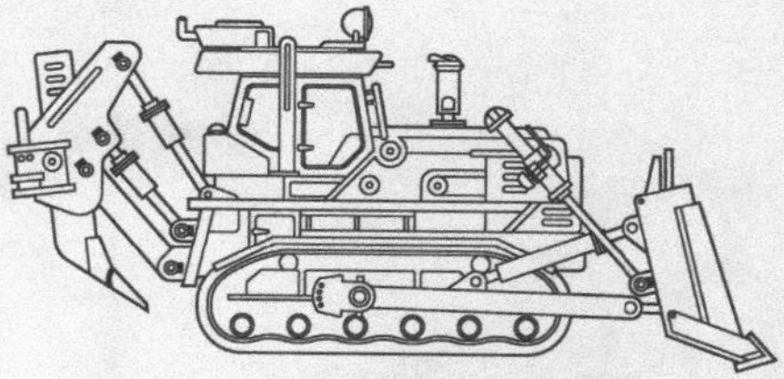

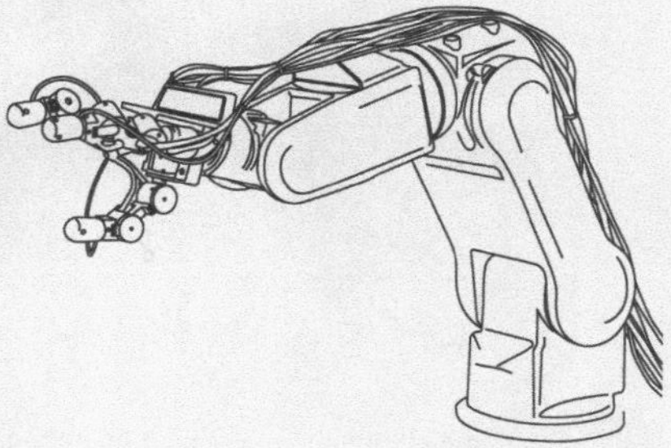

机器人学

机器人学是将计算机工程与机械工程相结合的一门学科，研发出可以感知周围环境，并能够自主执行预设任务的机器人。

医学工程

工程学对医学有着重要的贡献。工程学让人们开发出更好的诊断工具，例如核磁共振扫描仪，并生产出起搏器、假肢和药物泵等设备，以帮助改善患者的生活质量。

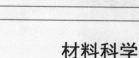

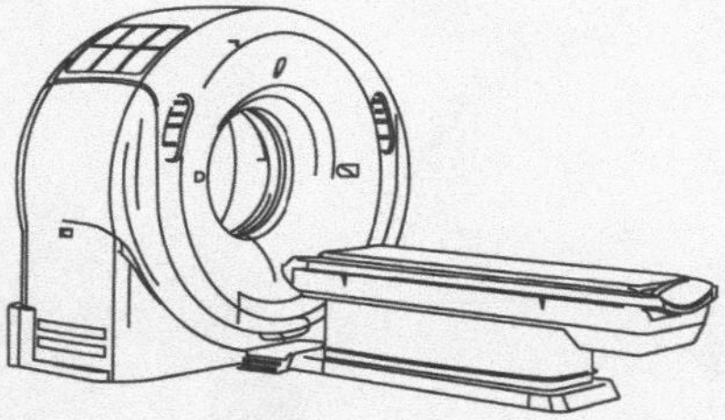

材料科学

材料科学是一个介于工程学与科学之间的领域。材料科学家们研究材料的性能，测试新的合金、塑料，为工程师改进设计提供了可能。除了测试强度外，材料科学家还研究电和磁的特性，并研究材料对温度和不同化学物质的反应。

1

古代技术

石造技术

石造技术的历史源远流长。人类的远古祖先“智人”早在330万年前就已经开始了石器的制造与使用。

最新的证据表明，我们最早的两足类祖先——南方古猿，利用碎裂的岩片作为切割工具。然而最古老的石制工具，是最早发现于坦桑尼亚奥杜威峡谷的奥尔德沃石器，由锤石和石芯组成。它们将石芯在锤石上砸碎，形成锋利的石刃，并用它来切开动物的皮和肉。

手斧的长度通常有12.5～20cm，一般呈水滴形。较大的手斧并不作为工具，而可能作为礼仪物品或身份的标志。

缓慢的革新

大约又过了近百万年，现代人类的祖先“直立人”学会了从大块石头上剥落或敲打下较小的碎片，并把它们削尖。石器时代的这一技术革命是阿舍利石器的开端。阿舍利石器因最早发现于法国的圣阿舍尔而得名，这种类型的工具在1847首次被发现。

这些工具中包括一个用石头做成的工具，称为手斧。阿舍利手斧上的磨损痕迹展现了它们的多种用途，包括挖掘、砍柴、屠宰和剥动物皮。这项制石技术迅速地传播开来，已知最早的非洲阿舍利石器可以一直追溯到160万年以前，在几千年后就传播到了南亚和欧洲。

新技术新材料

阿舍利石器的使用延续了很久，直到大约25万年前在其他地方还有出现，此时在非洲已经出现了现代智人。

后来，随着技术的进一步发展，石器从大型石块逐渐变成小而薄的石片，人们也越来越多地开始使用骨和鹿角作为工具。

石块敲击和语言

人们对语言的演变过程一直争论不休。最近的研究发现，制造工具的能力与语言能力可能是共同进化的。在现代工匠用古老的手法敲碎石块时，专家对其脑部进行了扫描。其结果显示，他们的大脑中活跃的部分与大脑中负责语言的部分是相同的。或许，语言就是伴随着我们祖先向他们的后代传授石器技术的过程而发展起来的。

这个有着倒刺的鱼叉骨雕，制作于85 000年前的非洲。

2 驯服火焰

很难说清我们的祖先究竟是从何时起学会控制和使用火的。但可以说，控制火的能力是人类文明史向前迈出的一大步。火能带给人光明、温暖、庇护和更美味的食物。

从一些露天考古遗址的发掘中可以推测到，我们的祖先在150万年前就学会了控制火。但这些遗址的火源可能是自然火灾带来的。最近的研究表明，最早的有意识使用火的原始人（人类或我们的祖先）是一百多万年前生活在非洲的直立人。研究人员在南非的奇迹洞穴（Wonderwerk Cave）中发现了烧焦的动物骨骼和篝火的遗迹，这表明他们是利用火来加工食物的。已知最早的火塘建造于以色列的格什姆洞穴，其历史可追溯到30万年前。

奇迹洞穴为“烹饪假说”提供了佐证。这是一个由动物学家理查德·兰厄姆提出的有关人类起源的理论假说。出现在大约180万年前的直立人，与能人截然不同，他们有着更大的大脑、更小的牙齿以及与我们非常相似的体型。兰厄姆指出，这种变化背后的原因是火。用火烹调后的食物更容易食用和消化，可以为体积更大、耗能更多的大脑提供额外的热量。用于烹饪的火还带来了其他的好处，比如温暖，并可以驱赶食肉动物。

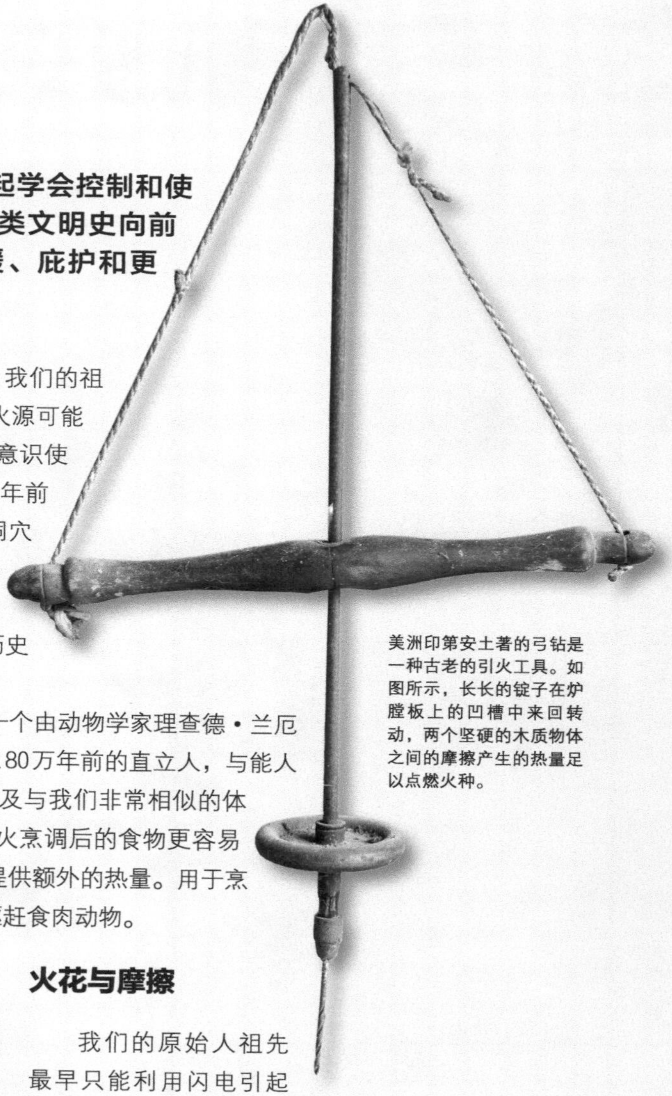

美洲印第安土著的弓钻是一种古老的引火工具。如图所示，长长的锭子在炉膛板上的凹槽中来回转动，两个坚硬的木质物体之间的摩擦产生的热量足以点燃火种。

火花与摩擦

我们的原始人祖先最早只能利用闪电引起的火源。后来才慢慢发展出了点火技术。点火有两种方法：一种是冲击法，通过撞击石头来产生火花；另一种是摩擦法，通过摩擦坚硬的表面产热，直到易燃物受热燃烧。

火柴

人类学会摩擦起火后过了很久，才有人发明出一种便携可靠的人工火源。在1826年，一位来自英国斯托克顿的化学家约翰·沃克（John Walker），试图在地上刮掉干透在搅拌棒上的硫磷混合物。而惊人的是，搅拌棒在划过实验室的石头地板时，突然燃烧了起来。就这样，沃克阴差阳错地发明出了摩擦火柴。他的“擦火”（Friction Light）很快就面世了，擦火装在纸盒里，还附带用来摩擦点火的砂纸。

3 早期船只

迄今为止，人们所知最古老的船是一艘公元前8000年左右建造的佩塞独木舟，它的船身长3m，被发现于荷兰。尽管它的历史已经相当古老了，但仍有很多证据表明，人们早在80万年前就已经开始造船下水了。

独木舟由原始的木筏发展而来。不同于使用简单切削工具制作的简单木筏，独木舟需要更多的实用工具，如斧和凿子等。

非洲的直立人不仅学会了制造石器和控制火，还学会了造船。在直立人存在的这150万年中，他们的足迹遍及非洲以至世界各地。在印尼群岛的弗洛雷斯岛上就出现了直立人的石器。要从大陆到达这座岛上，除了横跨16km的大海以外别无他法。因此有力地证明了，在现代人类出现之前的60万年，直立人已经掌握了制造航海船只的技艺。

虽然这些早期船只并没有留下遗迹，但根据造船者能够获得的工具和材料猜测，这些船只很可能就是竹筏。直到二十世纪末期，竹筏仍在亚洲地区广泛使用，形式上也许与史前的相差无几。

远洋航行

大约6000年前，东亚移民在最早的远洋航行中，足迹遍布了东南亚，并进入印度洋和太平洋地区。他们利用支撑在独木舟两侧的浮子，使船只在波涛汹涌的大海上稳定下来。人们就这样用支架艇征服了许多海岛，直到700年前才登陆新西兰——最后一片无人居住的著名大陆。

帆船

已知最早的帆船出现于大约5000年前的美索不达米亚地区。这些帆船上的四方帆并不能控制方向，只能随风而行。而我们在下图这艘印度洋独桅帆船上看到的三角帆（latten），则发明于大约2200年前的地中海地区，它可以像现代帆船一样逆风而行。

所有能浮在水面上的东西都可以被制成一艘实用的船。这种芦苇船是美索不达米亚地区一种传统的河船。在安第斯山脉的的的喀喀湖地区，也有着类似的设计。

4 陶器制造

大约2万年前，人们就开始研究如何改变他们所用的材料特性。黏土制成的陶器和陶瓷，是人类开始使用合成材料的第一个实例。

黏土是一种常见且丰富的天然材料，易于成型。制陶艺术在世界各地都曾百花齐放。已知最早使用黏土的实例是在捷克共和国出土的公元前29 000年至公元前25 000年陶俑。考古学家认为，在日本，人们大约从13 000年前就开始使用黏土来制作用来盛水或食物的容器。与此同时，人类也建立了定居的农耕部落，也许这并非巧合。毕竟狩猎和采集的部落也不需要携带巨大而易碎的黏土容器。

许多早期的陶器都是小型塑像，如这尊制作于7000年前的保加利亚塑像。

技术发展

日本绳纹文化中的陶器是公认最古老的烧制陶器。这一件陶器是手工塑造并打磨平整的。

人们发现湿润的黏土在阳光的炙烤下会变得坚硬，于是开始思考如何将这个自然过程加速。早在13 000年以前，日本的陶工就开始将陶器放入露天的火塘中煅烧（见下图）。

这些早期的陶罐是将黏土条盘绕塑形，直到达到所需的大小和形状。制作陶罐很费力，陶工必须绕着制作中的陶罐走，在陶土盘筑过程中将其挤压光滑，以确保平整。如果陶罐能够旋转，制作则容易得多。陶轮的发明可以追溯到公元前3500年左右的美索不达米亚，和车轮最早用于运输处于同一时期。最早的陶轮只是为了更快地盘筑陶器的小转盘。几世纪以后才出现了更快的陶轮和拉坯成型技术，即在陶轮上将一整块黏土拉坯塑形。

精美瓷器

距今3000年以前，中国的窑炉温度可以达到1499℃。在这种高温下，黏土的质地变得像玻璃一样，这样陶器也变得更轻更薄。这种材料被称为瓷（china）。

烧制

当黏土被加热到1000℃以上时，其中的矿物质就会干燥、熔化，并熔合成一种更坚硬的形态。这就是所谓“烧制”，最简单的手段是把罐子埋在火里（见右图）。而专为此制造的窑炉，可以在更长时间内保持更高的温度。在烧制之前，人们通常为瓷器上釉或涂上盐和灰，这使得烧制后的陶器具有防水性，也意味着烧制后的成品可以进行彩绘。

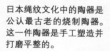

5 巨石阵

巨石阵是人们在公元前4500年至公元前1000年间建造的纪念碑。人们耗费巨大心血和努力建造的这些巨石阵，表明了它们对建造者有着非同寻常的意义。

巨石结构中最常见的类型是遍布欧洲、亚洲和非洲的石棚——在巨石下建造的小房间。在石棚的内部和四周，通常设有（或许是重要人物的）坟墓。典型的石棚是由直立的巨石承托着顶部的平顶石构成的。这些顶石重达100t以上。发现于西欧的已知最古老的石墓，据今大约有7000年的历史。关于这些沉重的顶石是如何抬升起来的问题，人们众说纷纭。一种观点认为，巨石是人们靠蛮力拉上夯土坡道搭建而成的；而另一种观点认为，人们利用了杠杆原理，每次将巨石撬起几英寸（1英寸=2.54cm）并用木材垫起，再撬起另一侧并往复数次，最后用立石替换掉了木材。

立石

另一种巨石结构是立石（menhir）。这是一种直立的石头，尺寸巨大，通常与其他石头一起排列成一排或围成一圈。法国卡纳克遗址上有2935根平行排列的立石，其历史可以追溯到6500年前。英国的巨石阵以另一种被称为巨石牌坊的结构为特色。巨石牌坊包括了两个直立的石柱，以及第三块巨石——横跨顶端的门楣。巨石结构显然有着它的礼仪功能，但它的主要功能究竟是什么，则有待进一步探讨。

位于英格兰南部的巨石阵是世界上最著名的巨石结构。它建于2500年前左右，但研究人员在同一地区还发现了由石头、泥土和木头组成的不同时期的结构。

巨人的杰作

关于巨石结构是怎样建造的，流传着许多传说。例如，有传说巨石阵是由巫师梅林建造的，他招募了一个巨人来为他完成这项工作；而位于葡萄牙的巨石阵传说是由一个迷人的、长着牛蹄子的红发牛女莫拉建成的。莫拉可以编织太阳的光芒，除此之外，她还教会了人们如何纺线、编织、耕地和酿造啤酒。

6 城市建设

拉丁语中的civitas，是现在英文中城市（city）一词的来源，同时也是文明（civilization）一词的来源。城市就意味着文明，是12 000年前农耕初期人们开始建造的永久定居点。

土耳其加泰土丘，这座建于9500年前的城市遗址，为我们展现了青铜时代的早期人类家园的模样。

农业的出现意味着人们可以提前数月就将粮食储藏起来，能够维持更稳定的食物来源。这样一来，人们就不必花费大量时间去寻找食物，可以把时间用在其他地方，专攻特定的技能，于是催生出世界上第一批工程师。

古代遗迹

位于土耳其的加泰土丘展示了城市最早的样貌。这批房子的历史可以追溯到9500年前，在巨大的抹灰房间中，有着用作桌子和床的高台。在天气晴好时，居民们就会在屋顶上劳作。而邻近的屋顶之间相互连接，形成一个公共广场。

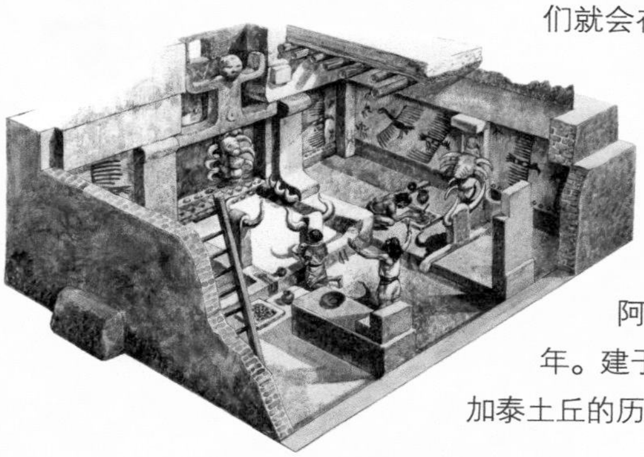

加泰土丘的建筑都有着相同的规模，由此考古学家推测，这些都属于公用建筑，一部分用于祭祀（见上图）、一部分作为家用。

始建于公元前4500年的乌鲁克，位于底格里斯－幼发拉底河流域，即现在的伊拉克地区，是历史记载中最古老的城市。而叙利亚的现代城市——阿勒颇，则可能建立于公元前6000年。建于约旦河西岸的城市杰里科，可能与加泰土丘的历史同样古老。

城市规划

在大约5000年以前，城市通常都被城墙包围。城市的中心是统治者的宫殿和神庙，供奉着市民崇拜的神像。住宅则拥簇在中心地区周围。为了保障城市的运转、满足城市中更多人口的需求，城市中需要建立起一些社会组织和基础设施。这就需要建造能满足各种基本功能的建筑类型，例如储存多余粮食的仓库和制造工具的作坊。

砖块

有证据表明，杰里科的建筑都是用泥砖建造而成的。这种泥砖早在公元前8350年就已经开始投入使用。它的制作非常简单，充分利用了谷物收获后余下的废料，将泥巴与水混合并加入稻草作为黏合剂，倒入模子，然后阳光下自然晒干。一直以来，砖都被作为主要的建筑材料，而现在的砖主要由黏土烧制而成。

7 犁

犁，是有史以来最重要的农业工具之一，可以用来为农作物松土、施肥和除草。

中世纪的一种木制犁。

犁的前身是一根将树枝削尖制成的普通木棍，用来在播种前掘开地面。这根挖掘棍后来被加上了把手，使其更容易挖掘土壤。公元前6000年左右，在美索不达米亚和印度河流域驯化的公牛为耕种提供了新的劳动力。人们最早设计了一种刮刨犁，那是一根固定在轭上的挖掘棍，可以套在牲口上。不过这种犁只适合在沙土上犁沟。在公元前1000年左右，人们开始使用铁犁铧，并逐渐取代了木质刮刨犁。犁铧锋利的刀刃可以刨开潮湿厚重的土壤。

8 金属加工

金属加工在过去8000年的人类历史中发挥了无与伦比的重要作用。金属材料可以被加工成任何形状，并制造出坚硬、锋利又非常实用的物品。

人们最早使用的金属是金、银和铜，它们在自然界中都有金属或自然状态的存在。尽管铜也存在于金块中，但它与其他大部分金属一样，都是与矿石中其他物质结合在一起的。从矿石中提取出铜和其他金属需要很高的温度，这个过程被称为冶炼。最早发现这一工艺的人很可能是试验烧制技术的陶工。我们不难想象，一个陶工饶有兴致地盯着窑炉，忽然发现一条熔融金属形成的明亮的小溪从窑炉中蜿蜒流出。

黄金

黄金不易与其他元素结合，因此不会被氧化变色或腐蚀，这一特性使它成为制作珠宝和其他艺术品的理想材料。黄金的纯净和稀有性，使得它成为了权力和威望的象征。在大约2500年前，现在土耳其利迪亚地区克洛伊斯国王的金匠改进了精炼技术，使国王确立了世界上第一种标准化的黄金货币。自此以后，黄金就作为一种具有内在价值的贵金属，与财富联系在一起。

天生锋利

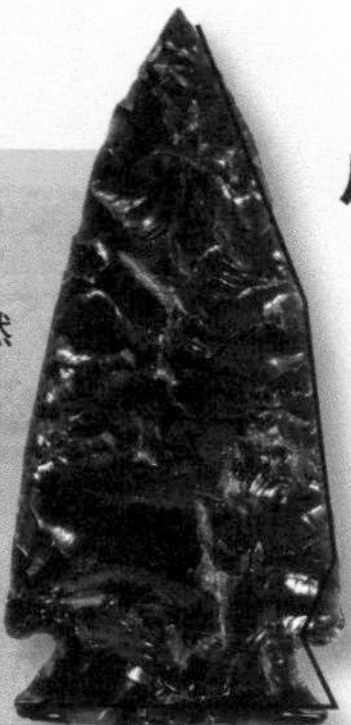

黑曜石是一种天然的火山玻璃，它可以像火山石片一样，形成锋利的切边。前哥伦布时期的中美洲民族，包括玛雅人、奥尔梅克人和阿兹特克人，将它作为狩猎、战争和日常使用的锋利工具。然而黑曜石太过好用，致使中美洲人丧失了发展冶金技术的动力。

从铜到青铜

在公元前5000年到公元前3000年之间，地中海沿岸的铜贸易变得越来越重要。铜是一种软金属，适宜制作珠宝，而不适宜制造工具和武器。铜与锡矿石经常一起被人们发现，当两者熔炼在一起时，就形成了一种更坚硬的合金。将铜和锡以九比一的比例混合，就形成了合金——青铜。青铜是最早的工业金属，它的硬度比原料铜和锡都要大，并可以被打造成利刃。青铜比铜更容易熔化，因此更易于在铸模中浇铸。

青铜器时期，是人们广泛使用青铜作为主要制作原料的一段历史时期。这个时期从公元前3500年到公元前1000年，大约持续了2500年。在青铜器时期，文明经历了兴起和衰落，重要的贸易路线也确立起了，例如运输锡的贸易路线，就是制造青铜的命脉之路。

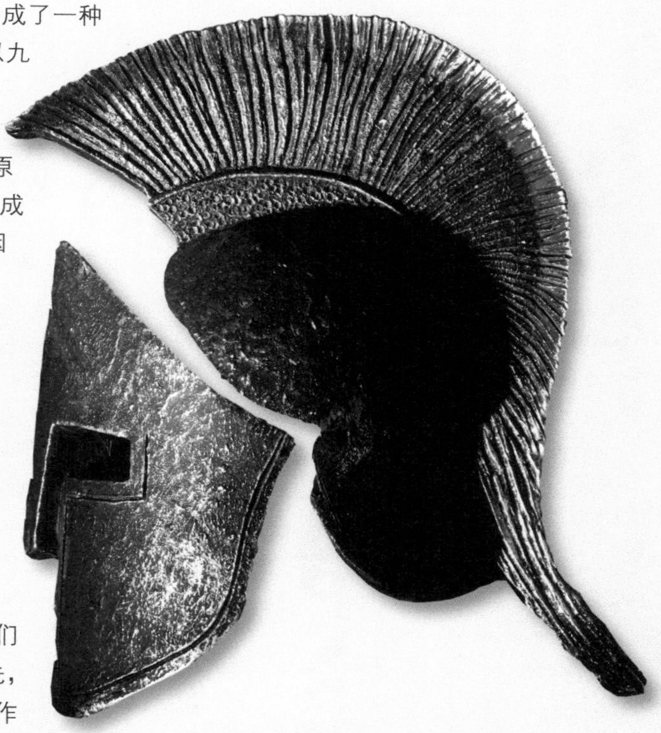

这顶青铜时代的头盔来自斯巴达，它是为了保护佩戴者的头部免受剑和矛的伤害而设计的，矛也是由青铜制成的。

更热更强

公元前1200年左右，一些重要的发现为人们开创了一个新的金属时代——铁器时代。首先，人们使用木炭作为燃料，释放出铁矿石中的一些杂质；然后发明了波纹管，为熔炉内增加了氧气含量，从而获得了炼铁所需的更高温度。

这些被称为渣坑或初轧机炉的古老的窑炉，热量还不足以将铁充分熔化，只能得到一种铁和其他材料的混合物。这种混合物可以通过反复加热和锤打来进行提炼。铁是地球上第四大常见元素，而人们却选择了青铜，并不是因为青铜的质量更好，而是因为其更容易进行大量生产。随着熔炉的改进，铁的质量也提高了，比青铜更结实、更坚硬。

对冶炼厂来说，最重要的两点是高温与碳含量。燃烧的碳与铜、锡或铁矿石发生反应，将金属中的杂质去除。

9 轮子

试想一下，如果没有轮子，世界会变成什么样子呢？世界几乎离不开轮子。毫无疑问，轮子是有史以来改变世界最伟大的发明之一，被广泛用于运输、制陶、钟表，甚至是电脑磁盘。

公元前2500年，一幅苏美尔人士兵画细部出现的一辆战车。

我们的许多工程创新灵感都来源于自然，而轮子不是。在世界自然演化过程中，没有出现过像轮子一样的东西。5000多年前，美索不达米亚地区的人们率先开始使用轮子，将其用在制陶工艺中，后来才有人突发奇想，将轮子用来运输。

车轮的创新不仅仅是轮子本身，还有车轴。早期的车轮被固定在货车的车轴上，两个轮子同步转动。这需要一定程度的精确性，车轮必须圆整，车轴也必须尺寸恰当：厚重的车轮不能自由转动，车轮太薄则不能承受载荷。最早的货车很窄、车轴很短，这样车轮就能尽量的薄。

运输重物的滚轴是车轮的前身。滚轴与其上的重物并不相连，必须将滚筒依次从后方移动到前方，才能连续前行。

车轮的诞生地

车轮和车轴这样伟大的发明，一经面世，就迅速传播到世界各地。发明这个装置的人要打造出轮子和车轴，必然是有机会接触到金属工具的人。轮式手推车的画像最早被发现于波兰和中欧的其他一些地方。人们推测，尽管美索不达米亚地区的人们发明了陶轮，但用作运输的车轮最可能的诞生地是东欧。另一个可能的竞争者是乌克兰的特里贝里人，由他们制造的带轮玩具车最早可以追溯到公元前3800年左右，有着各种尺寸的车轮。

拉雪橇

美洲土著和许多其他地方的人们都用雪橇来代替车轮。雪橇由两根木棍组成，木棍之间搭起装载重物的平板车。雪橇通常用一对横杆横跨过狗或马的背，将放行李的平板车拖在后面。

10 绳结师

工程建造中需要精确地测量土地的大小。古代埃及测量土地的测量师，就被称为绳结师。

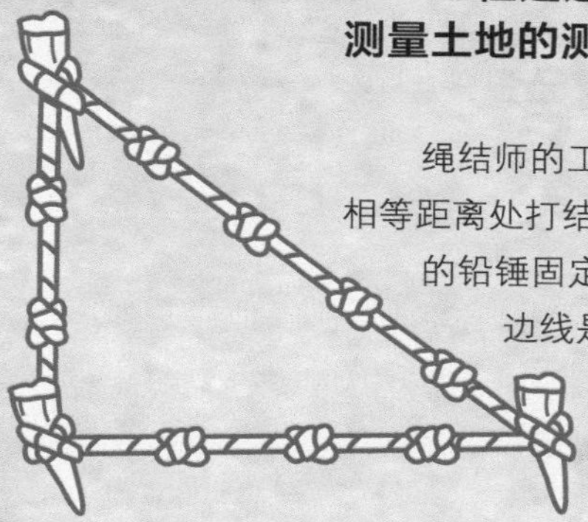

三边长度为3、4、5个绳结的三角形始终能构成一个直角三角形。

绳结师的工作是测量土地的边界。他们拉出绳子，在每隔一段相等距离处打结，并计数绳结的数量。他们还使用了铅锤，将简单的铅锤固定在一个A字形框架上，以得到垂直的线条。土地的边线是由3、4、5个绳段组成的三边画出来的。这些数现在被称为毕达哥拉斯三角，这意味着具有这些长度的三角形始终能构成一个直角三角形。这种能准确绘制出直角的技术，确保了大规模地块绘制的准确性，在建造诸如金字塔之类的纪念性建筑时发挥了重要的作用。

一位在尼罗河流域的田野上工作的绳结师。绳结师是由法老王任命的，以确保没有农田纠纷。

11 塔庙

大约公元前2500年至公元前500年之间，美索不达米亚的人民开始在城市中建造砖砌的巨大阶梯式塔庙。

塔庙内部并没有结构。因为美索不达米亚的神常常与山联系在一起，因此人们猜测，建在城市中心的塔庙是为了模仿神的家园而造的。世界上现存的塔庙共有25座，它们都有不同程度的坍塌。在近半数的塔庙中，人们没有发现登塔的方法，而另一半的塔庙由螺旋形的坡道通向顶端。人们认为巴比伦的马杜克塔庙，是《圣经》中的巴别塔的原型。同样，巴比伦的空中花园或许也参照了塔庙两侧的树木、灌木和梯田。

伊朗查哈赞比尔的塔庙是现存最大的塔庙。它有105m宽、24m高，可能是原先高度的一半。

12 金字塔

在1000多年的时间里，古埃及的人们通过建造金字塔来存放法老的尸体。金字塔的建造一直持续到公元前1800年，人们终于意识到金字塔只会吸引越来越多的盗墓者，却并没有为统治者的遗物提供真正的保护。在此之后，国王和王后被埋葬在秘密的坟墓里。

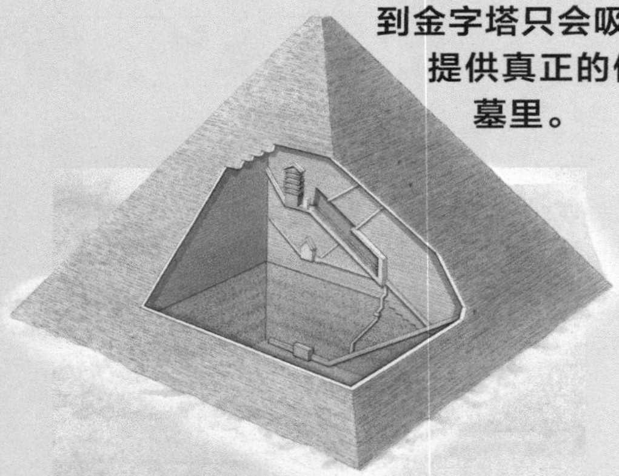

大金字塔内部

也许你会感到惊讶，我们至今尚未完全掌握金字塔中的一切。研究人员在严格的规定下，只能进入吉萨大金字塔内的几个小室，以避免破坏这些历史文物。这些小室包括：（位于金字塔中心的）国王室、（国王室偏下方的）皇后室，以及连接两室的大画廊。还有一个在施工期间就被废弃的地下室。在探寻金字塔更多细节的过程中，科学家们使用了红外热成像和机器爬虫等新技术，但就现在的条件来说，闯入隧道和房间的想法仍被视为不负责任的破坏行为。

根据埃及的传统，如果要去到来世，死者的遗体必须保持清净。为此埃及的统治者们为建造出安全的陵墓付出了巨大努力。早期的埃及国王被埋葬在一种叫作马斯塔巴的陵墓中。马斯塔巴是由泥砖结构或石头建成的平顶长方形墓室，由竖井通向地下的墓室。在公元前2780年左右，国王杰瑟（King Djoser）的建筑师伊姆霍特普设计出一种将六个马斯塔巴叠放在一起形成的阶梯状金字塔，内部有许多房间和通道，包括国王的墓室。伊姆霍特普建造的最古老的金字塔如今仍矗立在尼罗河西岸的萨卡拉，靠近古城孟菲斯。

直边金字塔

在法老斯内夫鲁统治时期（公元前2613－公元前2589年），金字塔由阶梯形发展为直边形。人们在梅敦（Medun）建造了一座阶梯金字塔，然后用石头填塞，外层覆盖石灰石。自此之后，人们逐渐开始建造直边的金字塔。金字塔斜边的倾角从中部往上开始减小，两侧变得不那么陡峭，这种特别的形状使它得名“曲折金字塔”或“假金字塔”。人们认为，建筑师调整斜边的角度，是为了让金字塔更加稳定。已知的最早设计并建造的真金字塔，是位于代赫舒尔的红色金字塔，它可能也是由法老斯内夫鲁下令建造的。它的底部宽约220m，高105m。

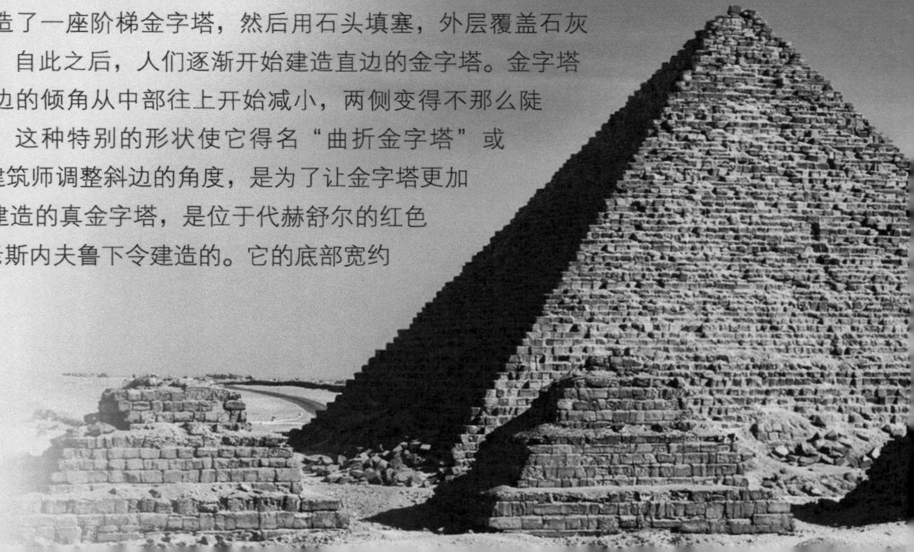

中美洲金字塔

中美洲和南美洲的金字塔，可能是除了埃及金字塔以外最有名的金字塔。其中包括墨西哥奇琴伊察的库库尔坎神庙（见下图），以及统领着现在墨西哥城附近特奥蒂瓦坎古城的太阳金字塔和月亮金字塔。太阳金字塔建于公元200年左右，它有66m高、232m宽，是前哥伦布美洲建造的最大建筑之一。在金字塔下面，有一个洞穴通向一系列的小室，它们是举行各种仪式的场所。

世界上最大、最著名的金字塔是吉萨大金字塔。吉萨大金字塔由斯内夫鲁的儿子胡夫所建造。金字塔的每条底边长230m，曾经高达147m。尽管白色石灰岩的外壳已经风化剥落，它现在的高度仍有139m。据研究人员估计，在建筑中使用的石材平均每块重量在2t以上，其中最大的重达15t。

建造系统

人们一直在猜测，金字塔到底是如何建造的。在金字塔的建造中，他们使用了灌满水的壕沟以确保建造的基地水平；使用绳结测量以确保金字塔的正方形底座形成精确的直角；还使用了埃及人的天文知识以确保金字塔的方位与罗盘方位对应。

人们为减少摩擦，先将地面打湿，再用木制雪橇把建造金字塔的巨石拖到建造现场。然后巨石被拉上斜坡，在金字塔上摆好位置。

埃及的建筑工人将干燥的木楔楔入石头，并浸水使其膨胀，以此将石头涨碎取出。然后用铜制的工具将石块加工成型。然而，铜太软了，无法切割金字塔所使用的硬花岗岩。人们猜测，石匠用砂作为磨料，作为钻头和锯子的涂层。无论如何，这都需要漫长而艰苦的劳作。据希腊历史学家希罗多德在公元前五世纪的记载，在建造期间共雇用了10万人，每年工作3个月，一共建造了20年，终于完成了这座大金字塔，但现代学者认为人数远不止如此。

人们一般认为，建造金字塔的石块是沿着夯土坡道被拖运就位的。然而，这些坡道的确切构造尚不清楚。它们也许是围绕着金字塔盘旋而上的，也许是一个巨大的斜坡。

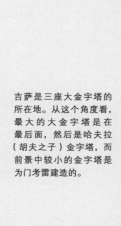

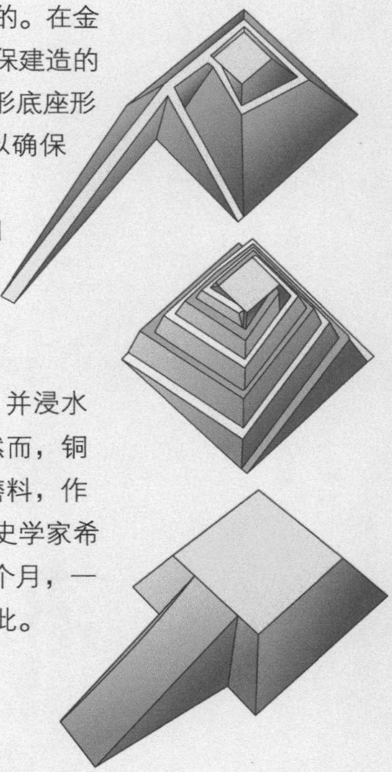

吉萨是三座大金字塔的所在地。从这个角度看，最大的大金字塔是在最后面，然后是哈夫拉（胡夫之子）金字塔，而前景中较小的金字塔是为门考雷建造的。

13 拱

罗马最伟大的技术成就之一就是拱的使用。早在公元前1800年，罗马就已经出现了拱顶建筑，但古埃及人和希腊人认为拱顶并不适合他们的建筑。

罗马人将拱门进行了完善，并广泛应用于桥梁、渡槽和大型建筑（如罗马斗兽场）中。拱门的构造相对优于横跨门洞的门楣，因为它可以将上方建筑的荷载分散到两边。水平过梁在支撑大跨度的门洞时会发生开裂，弧形拱却可以将重量传导到两侧的支点，因此强度要高得多。在拱结构中，最基本的构件是楔形砖。构成拱门的楔形砖又称为楔体。为了与相邻的楔体表面牢固拼接，每块砖都要经过精确地切割。位于拱中间的楔体称为拱心石，在拱的建造过程中，必须对其进行支撑，通常使用木料。一旦拱心石安装就位，木料就会被拆除。

在建造完工时，罗马竞技场共有240个拱门，分3层。

14 灌溉

河流附近是埃及和美索不达米亚文明的发源地，河流为农作物提供了水源。当人们的定居点远离水域时，就需要开发新的灌溉方法。

古埃及人利用尼罗河每年夏天洪水的规律来灌溉盆地。他们尽量留住池塘中的洪水，其中一些池塘面积高达20235公顷，尽可能地让泥沙慢慢沉淀。洪水在几个星期内逐渐流失，随着水位下降，留下了大量肥沃的淤泥。农民就在水涝的土壤中播种秋天和冬季的作物。在这种种植规律下，每年只能收获一次，农民则任由洪水摆布。

吊杆

吊杆发明于埃及和美索不达米亚地区，在现今许多国家仍有使用。它是一根安装在支点上的木杆，末端的短杆上悬挂重物，前端的长杆上用绳子悬挂着一个水桶。打水的人拉下绳子，将水桶放入河中，并利用配重，使打满水的水桶再次被提起。

在美索不达米亚地区，底格里斯河和幼发拉底河的洪水是难以预测的，洪水泛滥时情况可能会变得非常严重，苏美尔的工程师发明了一种留住洪水的方法，并通过一系列的小渠将水分流到农田中。苏美尔灌溉系统的缺点是：它导致土壤中盐分的积累，从而导致肥力的丧失。

暗渠只容一人通行。它形成了一条河道，为农田提供灌溉。

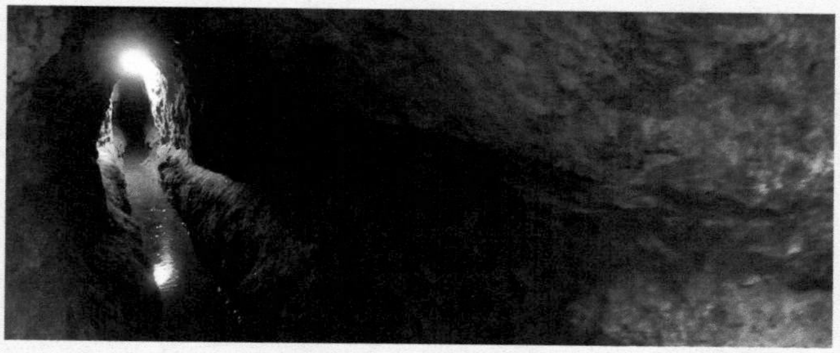

大约公元前1000年，波斯人（位于现在的伊朗）开发了暗渠供水系统，这种供水系统如今在世界上一些干旱地区仍有使用。暗渠引用地下的山泉水，并通过一系列缓坡隧道（通常长达数公里）引导下坡水。地下水渠的好处是可以防止水分蒸发。此外，由于水流是由重力驱动的，因此不需要抽水。地下水渠由人工开挖，并定期进入竖井疏通水渠中的杂质并提供通风。

15 战船

快速、机动的三层划桨战船是那个时代的超级战舰，以其三层甲板的桨手命名。在公元前5世纪，雅典人凭借其战舰的海军力量，统治了整个爱琴海。

三层划桨战船的名字来自于船上的三层桨手，船桨长约4.5m，在船舷的两侧最多各有30个桨。一个完整战队的爆发速度可以高达九或十海里。三层划桨战船在航行时还悬挂起两面纸莎草或亚麻制成的风帆，在开战时就取下储存起来。人们发现的船舱遗骸表明，一艘三层划桨战船的最大长度在37m左右。这些船是用橡树建造的，船舱外层由松木、冷杉和柏木制成，内部则由橡木制成。战船的主要武器是一个由青铜包裹的撞角，用来攻入敌舰。这偶尔会导致沉船，但通常是在登上敌舰之前完成的。

三层划桨战船用帆作为长途航行的动力，但在战斗期间由桨手们接管战船，以快速冲向敌人。

16 马克西姆下水道

罗马的马克西姆下水道是古代世界最为宏伟的下水道。如今人们仍能看到排入台伯河的排水口。建于公元前6世纪的马克西姆下水道，最初是一条将废物排到河中的露天的排水沟。

许多罗马古建筑都未能留存至今，而马克西姆下水道的坚固拱顶却得以幸存。洪水经常会通过下水道，从河流倒灌进城市。但到了公元20世纪时，人们将马克西姆下水道与现代排水系统连接，以避免这种情况发生。

在接下来的几个世纪中，为满足人们日益增长的生活需求，马克西姆下水道（意为“最大的下水道”）历经了扩建、延伸并增加了顶盖。澡堂、厕所、喷泉、公共建筑产生的废水，以及道路上的雨水，都流入马克西姆下水道。街道两侧的大型排水口将多余的水通过管道输送到排水系统中。人们可以将废物倒入排水口处，并将它们冲走。马克西姆下水道长约900m，宽4.5m，高3.7m。在公元1世纪帝王统治时期，人们可以乘船在其中旅行。下水道的隧道拱顶是由巨大的石灰石块建成的，每隔4m就有一个拱门。

17 冰窖

在冰箱发明之前，要想喝到冷饮或是储存易腐烂的食物并不容易，特别是在炎热地区。解决办法就是建造一座冰窖。

冰窖的发明历史可以追溯到很久以前。有证据表明，早在公元前1780年，美索不达米亚就曾有过一座冰窖。最早的冰窖遗迹发现于中国，可追溯到公元前700年，很有可能他们在更早以前就开始使用冰窖了。

果子露（sharbat）

“果子露（sharbat）”和“冰沙”都指的是一种水果冰品。这两个词都来自波斯语“sharbat”（或阿拉伯语的“sharab”），这是一种甜甜的冰冻饮料，传统做法是用水果或花瓣调味。这种饮料发明于2000年前的波斯地区，归功于制冰工艺的流行。果子露在1000年前左右由摩尔人引入欧洲。在西西里岛，果子露演变为格兰塔，一种用水果点缀的冰沙。在意大利和后来的法国，这种冷食逐渐演变为果汁冰糕，后来在17世纪演变为冰淇淋，一种乳脂和糖的混合物。

制冰

人们为保存冰块，不让其融化，最常见的方法是将其绝缘。冰窖通常是一间地下室，用稻草包裹着要保冷的珍贵物品，用厚厚的墙壁来阻隔外界的热气。波斯人发明的冰室（yakhchal）是一种穹顶结构建筑，冰室的储存空间位于地下。这种穹顶建筑的底部墙壁至少有两米厚，由泥砖制成，外层涂有沙、黏土、蛋清、石灰、山羊毛和灰烬的混合物，这些材料不仅具有优异的隔热性，还可以防水。在冬天，运河中的水被输送到暗渠灌溉系统中，待晚上结冰后，将冰块切割成块，储存在冰室中并密封起来。

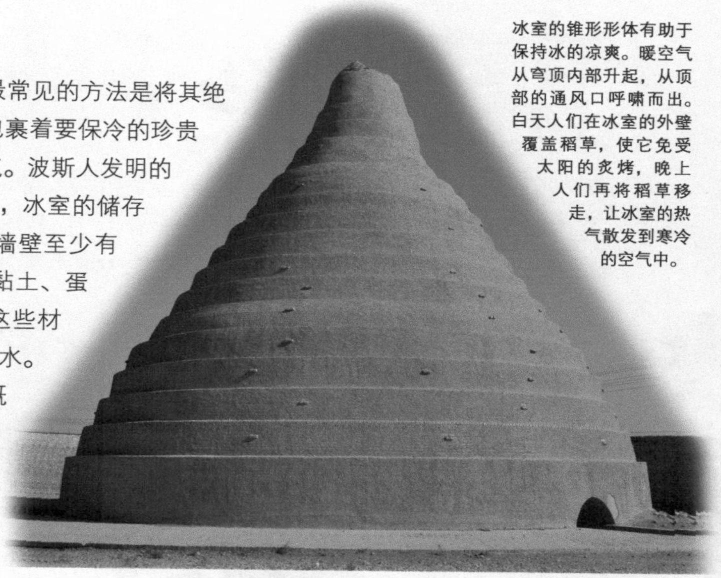

冰室的锥形形体有助于保持冰的凉爽。暖空气从穹顶内部升起，从顶部的通风口呼啸而出。白天人们在冰室的外壁覆盖稻草，使它免受太阳的炙烤，晚上人们再将稻草移走，让冰室的热气散发到寒冷的空气中。

风塔

波斯人还建造了一种被称为捕风器的风塔。它是一种被动空调系统，通过调节风的流向，将风引入屋顶上方的通风口，并引导它向下冷却下面的房间。一种常见类型的风塔可以将建筑物中的热空气抽出，并用地下暗渠的冷空气取代。这种风塔的开口朝向与盛行风向相反，建筑物一侧的压差使空气向下进入另一侧的风道，直通暗渠。从室外进来的热空气被暗渠中的冷水所冷却。接着，冷却后的空气被抽回风塔，在流经建筑物时为其降温。在埃及，房屋中还使用了一种更简单的风塔来保持凉爽。人们发现最早带有风塔的黏土房屋模型，其历史可追溯到公元前1100年。

传统波斯建筑上的捕风塔。朝向四面八方的通风口可以随意打开和关闭，以捕捉盛行风。

18 帕特农神庙

黄金比例

帕特农神庙正立面的高宽比为1:1.618，被人们称为黄金比例。（这一数字是由帕特农神庙的总设计师菲迪亚斯确定的）。按照黄金比例绘制的矩形具有神奇的属性，例如，如果将一个矩形分割为一个正方形和一个更小的矩形，那么这个小矩形也会是一个黄金比例矩形。

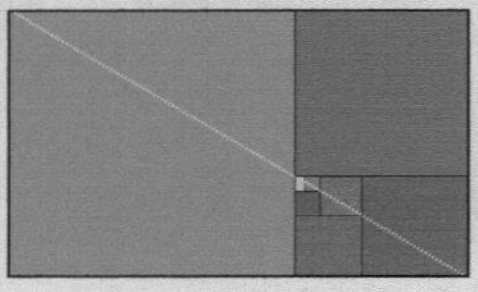

矗立于雅典卫城的帕特农神庙建造于公元前447年至公元前432年之间，至今仍统领着整座城市。卫城山占地约30 000m²，海拔比雅典市高出150m。

帕特农神庙是在公元前480年受到波斯人袭击后，雅典卫城重建工程的一部分。从部分幸存的财务记载来看，帕特农神庙的建造预算约为340至800他连得（货币单位）之间，这是一笔相当可观的钱。在当时，1他连得可以支付一艘三层划桨战船全体船员1个月的工资。在建造帕特农神庙时，人们使用了精巧的建筑技术，比如让柱子稍向内倾斜，使它们从远处看起来完全笔直。这是建筑师为了避免地面上的观察者感到立面向外倾斜而设计的。

帕特农神庙是世界上最著名的古建筑之一。它的设计者是希腊的艺术家菲迪亚斯。

19 水车

公元前4世纪时，埃及人首次使用河水驱动的水车来提水。在两个世纪之后，希腊和罗马的工程师将水车改造作为其他机器的动力。

磨盘

从大约公元前4000年起，人们就开始使用一种扁平的原石把谷物磨成面粉。在公元前500年到公元前400年左右，人们发明出一种旋转的石磨，由牛和驴之类的动物推动。之后才出现了水力石磨，利用流水作为动力，代替曾经由人和动物完成的工作。

水车的转动传递到主轴，带动主轴共同转动。这种运动可以用来驱动简单的机械，最常见的是早期的磨粉机，以及后来的泵和纺纱机。

水车有两种基本类型：卧式和立式。

卧式的水车由一个立轴、固定在底部的一组桨片和顶部的磨石组成。它的效率并不高，只能将水能的15%至30%转化为可用的能量。卧式水车需要的水量很小，但水流必须达到一定速度才能推动轮子。卧式水车适用于斜坡陡峭、水流较快的地区，如山区溪流。

踏轮机

罗马技术在早期极富创新性，后来却逐渐丧失了创造力。其中一个原因是，他们可以使用奴隶作为动力。罗马人发明了一种起重机，可以吊起3t以上的重物，它的动力是由奴隶驱动的踏轮机，类似一个巨型的仓鼠跑轮。矿井中排水的水车，也是由奴隶驱动的。在美洲的奴隶时代，奴隶驱动的踏轮机是一种常见的动力，而在欧洲，他们的动力是轮班工作的囚犯。

下冲和上冲

立式水车主要分为两类：下冲式和上冲式。在下冲式轮中，水车的下半部被淹没在水流中，水流直接推动着桨叶。它比卧式轮的效率稍微高一些，因为在水车转动时，只有一部分叶片被淹没，这减小了水流对水车转动的拖曳力。

上冲式水车上方有一道水槽，用来引导水流，使其落在一系列接近顶部的叶片上，以此来转动水车。上冲轮比下冲轮的效率更高，水能转化率达到了60%。

汲水

戽水车是一种用于灌溉的立式水车，没有其他工业用途。水推动着轮上的叶片让水车转动，水车上一个个的容器每转一圈就将水舀起。在转到顶端时将水倒入引水槽，将水引到需要的地方。在公元前2世纪左右，戽水车上使用的是木制容器，到了公元3世纪左右，罗马人开始使用陶瓷容器。直到今天，叙利亚地区的人们仍在使用这种戽水车。

一个静止的木制上冲式水车，上方的木制水槽为水车带来了水源。

20

中世纪启蒙运动

加德桥

加德桥是罗马工程中最为杰出的作品之一。这座三层高的大渡槽建于公元前19年，是为了横跨法国南部的加德河，将水源输送到尼姆市。

渡槽位于水面以上49m，第一层由6个拱券组成，每座拱门宽度为15到24m，最宽的拱券横跨整个河道，第二层由11个大小相等的拱券组成，第三层则由35个较小的拱券组成，每座跨度4.5m，上层承托着水道。

加德桥高49m，是罗马现存高度最高的渡槽。加德桥的杰出之处还在于，在它的建造过程中没有使用任何水泥。尽管它已经有1600年没有被用来运水了，但还是被人们当作一条跨河通道沿用至今。罗马的第一条渡槽，是建造于公元前312年的阿庇乌渡槽。阿庇乌渡槽长16km，用于把水引入罗马。随着罗马帝国的发展，特别是在公元一世纪，罗马建起了越来越多的渡槽。人们创新地采用了倒虹吸原理，将水引出山谷。水流通过陶土或铅制成的水管流下山谷时，由重力产生的水压，转化为足够的推力将水推向罗马。

21

简单机械

机械是帮助人们更轻松地完成任务的工具。无论多么复杂的一个机械，都可以被视为是人类文明诞生以来所发明的简单机械的总和。

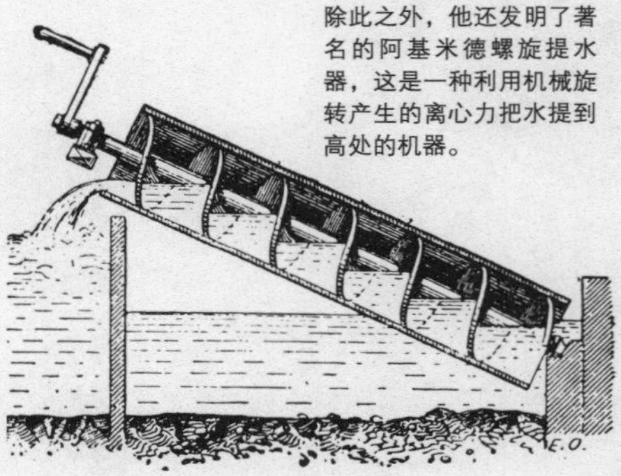

古希腊的奇才阿基米德以他对杠杆力量的描述而闻名，他说：“给我一个足够长的杠杆，一个支点，我可以撬起整个地球。”除此之外，他还发明了著名的阿基米德螺旋提水器，这是一种利用机械旋转产生的离心力把水提到高处的机器。

简单机械可以将力从一个地方传导到另一个地方。施加到机器上某一部分的力称为作用力，它推动机器上的另一部分时，需要克服的阻力称为载荷。力的方向可以改变，力

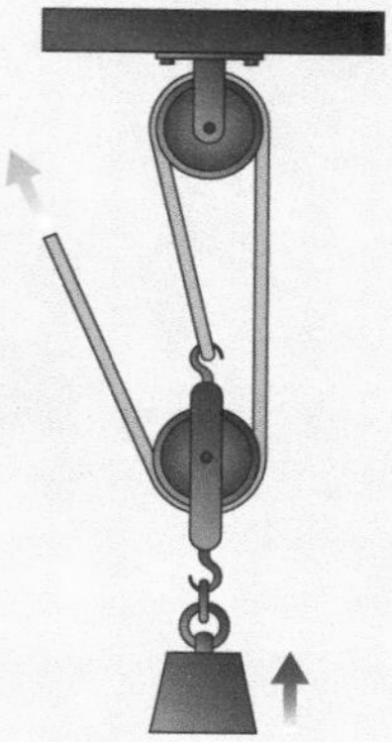

滑轮是将绳索绕在一个或多个轮子上组成的机械。简而言之，滑轮可以通过绳索改变力的方向，而增加轮子的数量可以将作用力放大，使其更容易提起较重的载荷。

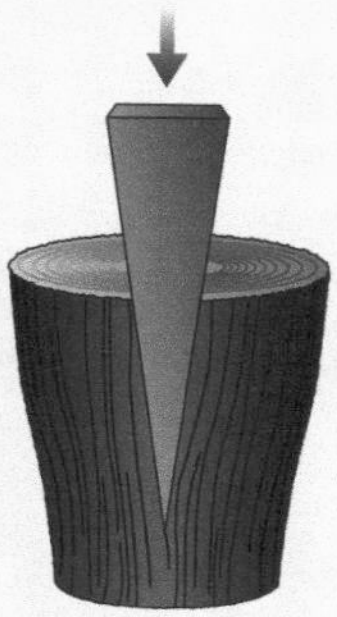

楔子将施加到较宽一端的作用力传导集中至尖端，使力量足以穿透材料。

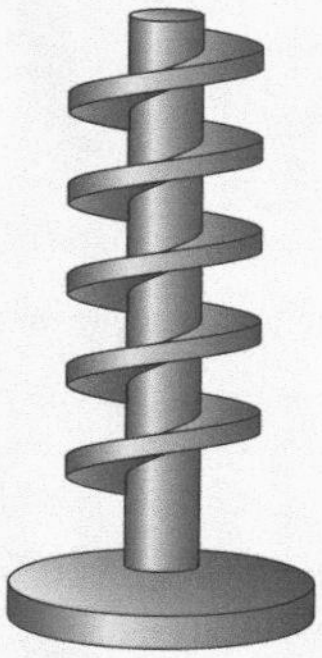

螺丝的形状就像一个盘绕在轴上的斜坡。作用力使轴发生转动，螺纹向上传递载荷。

轮和轴使线性作用力和旋转运动之间互相转化。转动轮轴，使绳子盘绕在轴上，把水桶往上提。

杠杆（上图）是一个支撑在支点上的刚性杆。在上面的示例中，两端物体的重量互相抵消，使杠杆平衡。

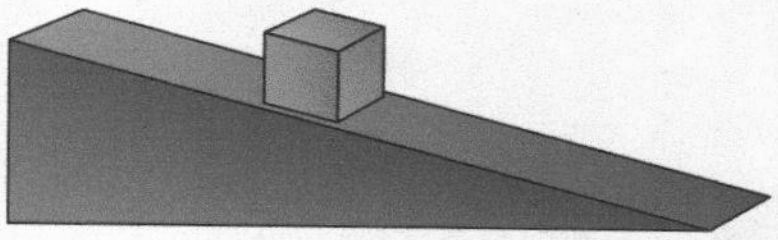

斜坡（下图）是用更长的倾斜运动来代替短距离的垂直运动提升重物的机械。

的大小也可以被放大或缩小。公元1世纪的希腊工程师、亚历山大城的海伦总结到，世界上共有6种简单机械，它们分别是杠杆、螺丝、斜坡、楔子、轮轴以及滑轮。

这个杠杆是一个力的放大器。它最简单的一种形式是，在杠杆的长端施加一个较小的力，这个力绕着一个叫作支点的固定点旋转，在杠杆的短端上产生一个较大的力。杠杆在日常生活中比比皆是，比如手推车、撬棍、剪刀等，都是杠杆的实例。

斜面，哪怕只有简单的斜坡或坡道，也是一种机械。斜面使提升重物变得更容易。物体水平移动的距离要大于垂直向上提升的距离，但提升物体所需的力要少得多。楔形是斜面的另一种形式。楔子尖端对物体施加的推力，比使楔子运动所需的力更大。这样楔子就可以劈开物体。所有的刀和轮轴都是楔形机械。螺丝中也有斜面，是一个绕轴斜面，螺丝通过旋转，前后推动螺纹斜面。将螺钉拧进一个物体比把它（像楔子一样）直接推进物体要省力得多。

轮与轴组合的工作方式类似一个旋转的杠杆。在轮子上施加的力较小，转动距离较长，却可以推动轴上较大的负载，转动距离较短，这就是绞车的工作原理。如果将力施加到轴上，轮子就变成了运动距离倍增器。用来转动车轴的力传导到车轮上，使车轮的运动距离变大。这个原理被人们很好地应用于各种车辆上。

滑轮是将绳索套在轮子上构成的机械。单滑轮只能改变力的方向。而复合滑轮，可以将载荷分到两个或多个轮子上，用很少的力就可以拉起较大的载荷——虽然要将绳子拉一大段距离才能将载荷移动一小段。

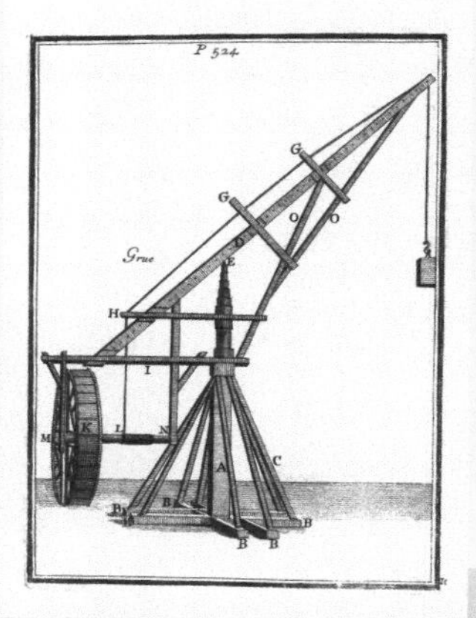

罗马起重机

罗马起重机使用奴隶作为动力，利用滑轮系统来提升荷载。其中最大的一种被称为踏轮机，有着惊人的提升力。在建造罗马的图拉真柱时，人们使用踏轮机，将53t重的石块提升到34m的高度。穿过滑轮拉动绳子的驱动力来自于踏轮机里踩动车轮的奴隶。

22 万神庙

在完工时，罗马万神庙是世界上最大的穹顶建筑，这个纪录保持了1300多年的历史。直到今天，它仍然是世界上最大的实心混凝土穹顶。

混凝土

混凝土被罗马人创造出来之后，一直作为一种通用建筑材料被广为使用。它是以砂子或小石子为主的骨料与液态水泥胶结在一起构成的。水泥是一种硅酸盐矿物，它与水和空气反应生成固体，将骨料牢牢锁在一起。

万神庙是由哈德良皇帝下令建造的，公元125年左右完工。万神庙中使用的混凝土是由火山灰、石灰和少量的水混合而成的。混凝土是罗马人的发明。希腊人虽然使用了石灰混合而成的灰泥，但将灰泥与碎石骨料混合起来制作混凝土的想法，则是公元前2世纪的罗马人创造的。这种混凝土在湿润时可塑形，而干燥后变得像岩石一样坚硬。

万神庙使用的混凝土，越接近穹顶的部分使用的骨料越轻，工程师们用这种办法减轻了万神庙穹顶的荷载。工程师在靠近底部的混凝土中使用了较重的玄武岩，在顶部则混入了最轻的岩石，浮石。在接近顶端处嵌入了空陶罐，更大程度地减小了荷载。穹顶结构由下往上逐渐变小，底部最厚、上部最薄，顶端还有一个圆形的开口，也称天眼。

万神庙是古罗马最引人注目、保存最完好的建筑之一。圆形大厅上覆盖着巨大的穹顶，直径43.3m，高度也是43.3m（其中垂直墙体的高度是它的一半）。穹顶构成了一个完美的半球，顶端直径为8.8m的“天眼”朝向天空开放。

23 纸

据历史记载，在公元105年，东汉官员蔡伦向中国皇帝禀报了纸的发明。

但其实，早在大约200年前的西汉时期，纸就已经被发明出来了。在中国西北部甘肃省的敦煌遗址中发现的纸张碎片，可追溯到公元前140年到公元前86年之间的汉武帝统治时期。中国最早的造纸方法很可能是将废弃的麻类浸泡在水中，经过洗净、浸泡，用木槌打成细浆，利用固定在竹框上的粗织物来过滤麻浆，然后使其干燥，形成一张纸。蔡伦改进了造纸的工艺，用桑树皮、麻渣、破布和渔网制造出更好的纸张。

公元886年出版的中文版金刚经，是最早的纸质印刷书。人们在木版上刻印出文字和图片，涂上墨水，然后压印在纸上。

24 火药

中国的炼金术士在寻找长生不老药时，意外发现了火药。几个世纪以来，硝酸钾或硝石，一直是人们迷信的长生不老药中的一种成分。

在公元850年左右，一位炼金术士在其中添加了硫磺和木炭的混合物，这成为了一个爆炸性的组合。根据记载，“产生的烟和火焰烧伤了他们的手和脸，他们所在的整个房子也被烧毁了。”

火药首次应用于战争中时使用了燃烧的箭头，箭头上绑着用纸或竹子包着的火药，并用引线点燃。后来人们发明了火枪（一种原始的火焰喷射器）和人类最早的火箭（类似今天的焰火）。中国直到13世纪时，还保持着对火药的垄断，但这个秘密最终传播到了阿拉伯，并从阿拉伯传到了欧洲。欧洲人也像中国人一样，积极地研究并利用火药。到了1350年，英法两军开始在战争中以火炮互相攻击。

柏斯德施瓦兹，一位传奇的德国炼金术士，在14世纪时被误认为是火药的发明者，“施瓦茨”在德语中是“黑色”的意思，许多世纪以来，火药都被称为“黑色粉末”。

25 指南针

罗盘最早出现于公元前4世纪左右的中国，但当时人们并不用它来导航。中国人把罗盘称为“指南针”，并用它来算命，为他们的房子选出一个吉利的朝向。

根据传统观念，中国的风水罗盘可以指示出房间中最为吉利的方位。磁勺可以在抛光的托盘上自由转动。

这些早期的罗盘用天然磁石作为指针。天然磁石是一种矿物磁铁（magnetite），以它的产地——希腊塞萨利的Magnesia地区而命名，它是重要的制铁中心。最早对天然磁石的记载可追溯到公元前600年，希腊哲学家泰勒斯写到磁石具有吸引铁的特性。

据公元1040年的中国书稿记载，有一种漂浮在水面上的“铁鱼”可以指向南方。中国人还发现，用一块磁石摩擦铁针可以使它磁化，使铁针也可以指向南方。

指引方向

14世纪初欧洲最早有记载的磁罗盘，出现在意大利的阿马尔菲。但究竟指南针是从中国沿着贸易路线传到欧洲的，还是欧洲人独立发明的，还尚未定论。无论指南针发源于何处，它都对葡萄牙、英国和西班牙等日益壮大的海洋强国产生了不可估量的影响，也促成了14世纪意大利城邦的崛起。在此之前，水手们出海常常徘徊于陆地附近，而不愿冒险远航。指南针使船只能够随时辨清方向，因而大大促进了地中海和全球范围的贸易增长。

威廉·吉尔伯特

威廉·吉尔伯特在1600年出版的《磁石论》一书，是他对电磁研究成果的总结，这本书很快就成了这一领域的标准著作。他率先使用了电的引力、电力和磁极等术语。吉尔伯特根据实验得出了这样的结论：罗盘指向南北的原因，是地球本身就像一个条形磁铁。

26 盖伦帆船

在15世纪以前，大多数船只都是模仿维京战舰的风格建造的，有着坚固的船体和一个独立桅杆。此后的帆船变得越来越大，速度也越来越快，在出现了一种被称为“盖伦帆船”的货轮时达到了顶峰。

被称为“柯克战船”的维京战船可以在波涛汹涌的海面上保持稳定，但是又小又慢。在15世纪，西班牙造船厂设计了一种卡拉克船。不同于柯克战船由重叠的木板组成的船体，卡拉克帆船由木板依次拼接而成，船体较为平滑，又增加了桅杆和帆。卡拉克船仍然庞大而笨拙，后来葡萄牙人又改进了设计，设计了一种有着三角帆的流线型快船。装备有罗盘的船开始驶离欧洲，到美洲等很远的地方探险。随着公海上发生了越来越多的冲突和危险，人们建造的船只规模也越来越大，以运载更多的货物和武器。这些巨大的战舰被称为盖伦帆船（西班牙语中意为“大船”），与历史上古希腊的三桅帆船一样，盖伦帆船成为了当时最强大的战舰，直到19世纪铁甲舰的出现。

舵

从14世纪开始，所有的新船上都安装了舵。舵是在此前的一千年间逐渐发展起来的，但这个时期的大多数船都是靠右桨操纵的。有桨的这一侧被称为右舷。船在左侧靠岸，以防止右舷被压碎，因此人们把留在船上称为左舷（port）。

盖伦帆船与早期船只的形式相仿，有着城堡式的外观，在船的前后都有高耸的甲板，在战争中为水手们提供了高度优势。1570年，英国造船师约翰·霍金斯发现高耸的船头会在风中起拖曳作用，于是改进了船头上部的设计，使其更为精简流畅。

27 中国长城

中国的万里长城无疑是世界上最大的工程奇迹之一，也是世界上最大的建筑项目之一。

从太空看长城

太空时代的传奇之一，是从太空中可以看到长城。这一说法可以追溯到1754年，一位英国评论员确信从月球上一定可以看到长城巨大的体量。但是宇航员们必须借助变焦镜头才能看到这道长城。2003年，杨利伟成为了中国首位进入太空的宇航员，并向国民证实，他从太空并不能看到长城。

屹立至今的长城是为了抵御匈奴人入侵者而修建的。他们曾经多次威胁中国和亚洲其他国家。

建造时间延续2000多年、横跨中国北方地区的长城，实际上是许多城墙的总和。公元前7世纪左右，楚国开始修建“方城”，这是一座位于其国都北部的防御工事。从公元前6世纪到公元前4世纪，其他小国也纷纷建立起各自的防御工事。例如，齐国建造了绵延至黄海的土石城墙，将山地的地形和现有的河堤，与新建的防御工事结合。燕国为了抵御来自南北两方的进攻，分别修建了两道防御城墙，即北城墙和沂水城墙。北墙是战国时期中国建造的最后一段长城。

北部防御

公元前221年，秦始皇统一了中国。他下令拆除交战国之间的防御工事，并同时着手将北方地区已有的城墙一段段地连接起来，连成一座“万里长城”（1里约为488m）。为此，成千上万被征召的士兵共修筑了10年的时间。

加固

秦始皇死后，长城就被废弃了，公元前2世纪时，当时的皇帝为抵御来自中国北方民族的战火，又将其重新加固。此后，长城在丝绸之路贸易的发展中也起到了非常重要的作用。公元前121年，人们开始建造河西长城，建造大约持续了20年。14到16世纪

哈德良城墙

哈德良城墙是罗马最伟大的工程之一，它是为了保卫罗马帝国一侧的现英格兰北部地区而修建的。公元122世纪，哈德良皇帝下令建造了这座长达118km的城墙，建造过程持续了六年。每隔一段就建有一座6m高的要塞，两侧是增强防御的壕沟。大部分城墙都留存至今，是罗马伟大的工程遗址之一。

之间，明朝皇帝为抵抗匈奴人入侵，又加固了长城。如今人们所看到的长城，大部分建造于15世纪末。长城分为南北两段，称为内长城和外长城。

关城和堡垒

长城的城墙高7至8m，底部宽6.5m，顶部缩小至5.8m。城墙顶部有一道低矮的女儿墙，可以避免跌落。沿城墙每隔一段设有一座用于守卫的关城。关城上方建有作为指挥处的敌楼，高约10m，宽约4m。通道内的大门用巨大的双层木门密封。还有其他护墙，甚至护城河等防御都可以防止关城受到攻击。

长城东端的老龙头。

城墙的构造因地制宜，融入自然特征。这段长城靠近中国的首都北京，是用砖建造的。其他段则由石头和岩石建造，而穿过沙漠的西段则是由夯土版筑而成。

28 潜水艇

自第一次世界大战以来，潜水艇在海战中的作用越来越显著，但潜水艇第一次成功下潜实际是在一战前300年左右。

一个德雷贝尔潜艇的复制品。一些报道中称，德雷贝尔潜水艇是通过化学反应释放出新鲜空气。另一些人则认为，空气是由漂浮在水面上的浮潜器提供的。

1578年，英国数学家威廉·伯恩提出了一个设想，建造一种可以沉入水下，在水下划行的船。这艘船将防水皮革固定在木制船架上，通过拉动船两侧的齿轮可以收缩船的体积。伯恩从未将它建造出来，所以第一艘真正的潜艇的诞生要归功于荷兰的发明家戴博尔。戴博尔的潜艇与伯恩提出的设想相似，在木制框架外层全部包裹了油皮革。船桨从紧紧包裹的皮革中伸出，为潜水艇提供了动力。1620年，戴博尔成功地操纵他的潜水艇下潜到英国伦敦的泰晤士河4 ~ 5m的水下。

水下武器

潜艇在美国独立战争期间首次用于海战。大卫·布什内尔的海龟号潜艇是一个胡桃形的单人潜水艇，由木材制成、铁条加固，在水下用手摇桨提供动力。根据计划，海龟号潜水

潜水钟

亚里士多德曾提到过在水下探险时使用的潜水钟。他的学生，亚历山大大帝据说拥有一个可以让人进入的潜水钟（如图）。它的工作原理是在其中保留住空气，让潜水员呼吸。在1689年，丹尼斯·帕潘为其连接了一个风箱，来补充空气供应。一年以后，埃德蒙哈利研制出一种增压空气的方法，使潜水钟能潜入更深的水下。

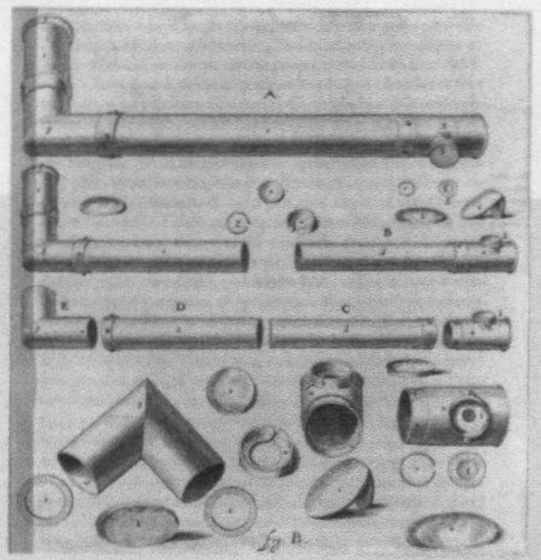

潜望镜

潜艇中经常使用潜望镜来观察水面以上的情况。它的工作原理是：通过两个反射镜或棱镜反射光线，使观察者能看到视线不能直接望到的地方。潜望镜的发明者尚不明确，尽管传说中是出版界赫赫有名的约翰内斯·古登堡，在15世纪30年代的一个宗教节日上将潜望镜卖给了朝圣者。

艇会在水下接近一艘英国军舰，并在其侧面安装火药，但这些计划都没有成功。

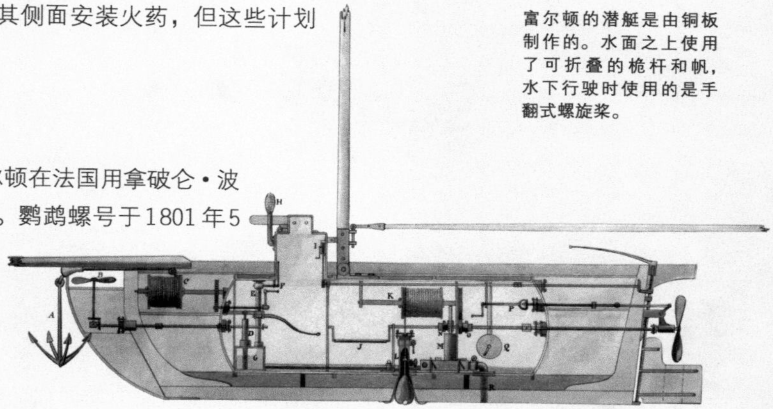

富尔顿的潜艇是由铜板制作的。水面之上使用了可折叠的桅杆和帆，水下行驶时使用的是手翻式螺旋桨。

富尔顿的鹦鹉螺号

1800年，美国发明家罗伯特·富尔顿在法国用拿破仑·波拿巴的资助建造了一艘鹦鹉螺号潜艇。鹦鹉螺号于1801年5月建造完工，它的空气可以供四个人使用三个小时。它通过将水压入压载舱使潜艇下沉。两个水平鳍片控制着潜水深度，圆顶形观察舱供水手们看清前进的方向。鹦鹉螺号原本的作战计划是在敌舰的船体上装炸药，尽管富尔顿成功击沉了一艘停泊的双桅帆船，但他的潜艇未能追上英国军舰，这让法国对鹦鹉螺号失去了兴趣。富尔顿得到国会的支持，要在美国建造一艘更大的蒸汽动力船，但还未完成时他就去世了，建造工作也被迫终止了。

29 真空泵

1650年，德国物理学家、工程师奥托·冯·盖里克发明了第一台空气泵，并用它展示空气的巨大压力。

冯·盖里克从容器中直接抽出空气来制造真空，而非先注满水。

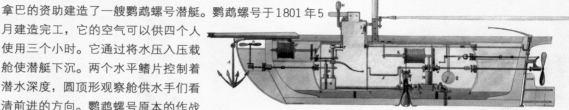

在冯·盖里克的早期实验中，他曾试图通过将水从密封的木桶中抽出的办法来得到真空状态。不难猜到，当水被完全抽出来时，空气也随之进入木桶，于是冯·盖里克开始使用金属容器，并获得了更多的成果。他的实验使他得出这样的结论：相较于其他形状，球形能够承受泵所产生的最大压力差。冯·盖里克证明了光可以通过真空传递，而声音却不能。不过他最著名的，是在1654年的马德堡实验中，将两个直径36cm的铜半球放在一起，并把其中的空气全部抽出。他邀请两队马匹来把铜球拉开，但都彻底失败了，尽管只有它们周围的大气紧紧压住这两个半球。这是对大气巨大压力的有力证明。

30

工业革命

钟摆

人们经常会讲到伽利略在比萨大教堂观察吊灯摆动的故事。他为摆动的吊灯计时后发现，不管摆动的幅度有多大，回到中点都要花费同样的时间。

伽利略发现，摆动的时间或周期只取决于钟摆的长度，而与它的重量、摆动幅度无关。同样长度的钟摆一个来回所用的时间都是一样的。伽利略后来描述了如何用钟摆来制作时钟，甚至设计了一个时钟，但并未将其制作出来。后来，荷兰科学家克里斯蒂安·惠更斯证明，伽利略的观测结果只适用于小振幅的摆动。作为一名天文学家，惠更斯对精确计时有着浓厚的兴趣。他受到钟摆研究的启发，在1656年首次成功发明了钟摆计时器。惠更斯设计了一个枢轴，使铅摆沿摆线的圆弧摆动，而不是绕圆转动，从而解决了使钟摆周期恒定的问题。摆线是一个圆沿一条直线运动时，圆边界上一个定点所形成的轨迹。

克里斯蒂安·惠更斯正在欣赏他的钟摆。这是世界上第一个使用振荡器来计时的时钟。现代大部分的时钟都使用了振荡器，包括通过石英晶体的振动来计时的电子表。

31

蒸汽机

蒸汽机是推动工业革命的能量之源。它的发展刺激了制造业、运输业和农业的重大进步，从根本上改变了整个世界。

第一台实用蒸汽机是为了解决从淹水矿井中抽水的问题而研制的。1698年，英国工程师托马斯·萨维利为一台利用蒸汽压力从矿井中抽水的机器申请了专利。萨维利曾对压力锅发明者丹尼斯·帕平的发现进行过研究。帕平曾构想过一种由气缸和活塞驱动的蒸汽机，灵感来自于他对压力锅的观察，但后来证明并不可行。

萨维利的蒸汽抽水机由一个锅炉、一个注满水的容器和一系列阀门组成。蒸汽的压力通过阀门，使容器中的水排空，然后将冷却水喷淋在容器外壁，使容器内的蒸汽冷凝，产生真空，将更多的水从第二个阀门吸走。水就是这样从淹

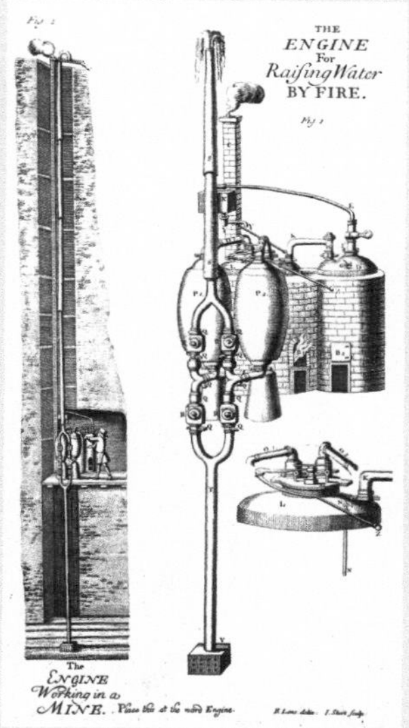

萨维利的蒸汽机被称为“矿工之友”，是一个用火力驱动引水的发动机。

水的矿井里抽取上来的，由于铸铁部件可能会经常开裂，提水的效率并不高，提水的高度也有限。

纽科门的新蒸汽机

1711年，托马斯·纽科门重新设计并开发了蒸汽机系统。纽科门的蒸汽泵由一个装有活塞的气缸组成——这也是帕潘早期设计的灵感来源。当汽缸充满蒸汽时，活塞会被平衡块推到冲程的最上端。与萨弗里的提水机相同，冷却水使汽缸中的蒸汽凝结，形成真空。接着，作用在活塞上的大气压力将活塞推回气缸内，由此产生的力使水泵中的活塞上升。

1712年，纽科门为英格兰中部的康尼格里煤厂制造了第一台活塞驱动的蒸汽泵。他的大气蒸汽机也有缺点。首先，它的效率很低，只将大约百分之一的蒸汽能转化为机械能。然而，它仍然是后来50年中最好的蒸汽机。

第一台蒸汽机？

公元一世纪亚历山大港的海伦发明的汽转球，可能是世界上第一台蒸汽机，它将蒸汽的能量转化为动能。它是一普通的中空球体，通过一对管子与下面的大锅相连接，并让蒸汽输入球中，另有两个弯管从球体两旁伸出。当蒸汽从球体中喷出时，合力使球体转动起来。

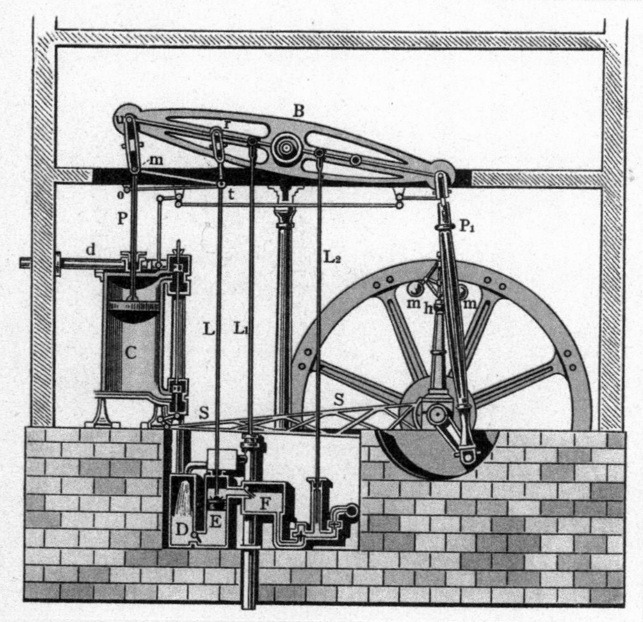

瓦特蒸汽机的突破性在于它通过联动的齿轮，将活塞往复的直线运动转换成圆周运动，还增加了一个沉重的飞轮，为发动机的轮轴增加惯性，从而使圆周运动更加均匀。连接在飞轮上的调速器调节着通向发动机的蒸汽流量。

瓦特的改良蒸汽机

1765年，苏格兰工程师詹姆斯·瓦特改良了纽科门蒸汽机，为其增加了一个单独的冷凝器，使气缸不必在冷却后重新加热，保证了汽缸和活塞在蒸汽的持续高温下运行，使燃料成本降低了约75%。此外，瓦特发明了双向气缸，使得蒸汽可以从两端推动活塞，提升了蒸汽机的动力。

瓦特的旋转式蒸汽机可以用来驱动工厂和棉纺厂中的各种机器。旋转式蒸汽机被人们广泛使用，据估计，到1800年时，瓦特和他的商业伙伴马修·博尔顿已经制造了500个蒸汽机，其中大部分都是这种旋转式蒸汽机。

32 播种机

直到18世纪，农民的播种方式还是边走边把少量的种子随机撒播在耕地上。这种播种方式并不经济，因为一些种子会长得太近，而有些却不能生长。

农业专家杰思罗·塔尔决心要改变这种低效率的播种方式。在1701年，他发明了一种马拉机械式条播机，它的名字体现了为种子打洞的方法。塔尔的钻具上有一个装着种子的料斗，种子经过一个旋转的带槽圆筒后，随即掉入下方的漏斗中。这样，种子就被送入到机器前部犁出的沟渠里，并立刻被机器后部的耙子盖住。播种机以一致的深度，沿直线播撒这些种子，可以减少浪费、极大地提高产量并降低收割难度。

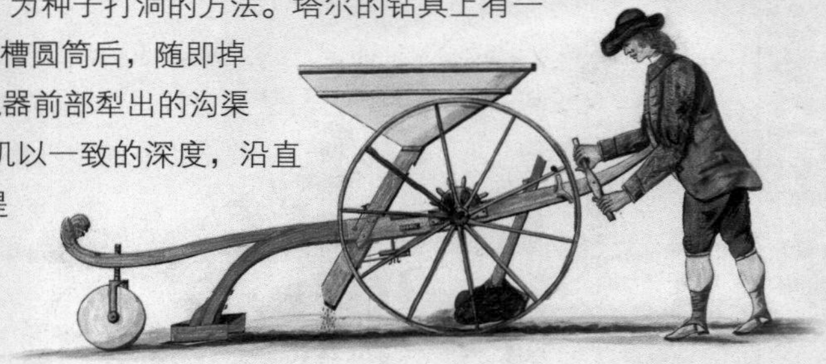

塔尔的播种机可以同时播种三行种子。

33 热气球

乘着比空气轻的热气球飞行是人们最早能够飞向天空的手段。这种飞行始于1783年。

公元3世纪，阿基米德就已经探明了浮力的原理。流体（气体或液体）中的物体会受到向上的浮力作用，浮力的大小与其排开流体的重量相等。如果制造出比空气轻的气球，就能被推向高空飞走。一种方法是加热气球内部的空气，使其比周围空气的密度更小（重量也更轻）。另一种方法是使用“比空气轻”的气体来充满气球，如氢气或氦气。

法国纸张制造商约瑟夫-米歇尔和雅克-艾蒂安·孟戈菲在观察到热空气能使纸袋上升后，便开始试验制造比空气更轻的装置。他们自己制造了一个直

氢气球

1783年12月，法国人雅克·亚历山大·塞萨尔·查理和他的同伴一起登上了一个充满氢气的气球，它的飞行时间和高度都超越了孟戈菲兄弟在同一年放飞的热气球。其实在8月份时，查理就放飞了他的第一个氢气球。在它着陆时，遭到了一些惊恐的农民的袭击，他们认为这是一只天上来的怪物。

1783年，热气球和充氢气球都各自完成了它们的首次飞行。尽管像图片上显示的，它们起飞的时间和地点都不尽相同，但都是从法国起飞的。热气球中的热空气重量大约相当于冷空气重量的五分之四。氢气的重量约为冷空气的四分之一。

径10m的热气球，并在1783年6月4日将其放飞到1980m的高空。接着，孟戈菲兄弟决定在气球下面的篮子里放一只羊、一只鸭子和一只公鸡。它们并不是随意选择的：鸭不受海拔高度的影响；公鸡是一种鸟，但不能飞得很高；羊则是人类飞行员的替身。在包括法国国王在内的13万人观看的8分钟飞行中，这三位“乘客”都安然无恙。下一步是让一个人乘空飞行，在10月15日，让－弗朗西斯·彼拉雷特·德罗齐尔登上了孟戈菲的热气球，成为第一个在空中飞行的人并被载入史册。

34 液压

1795年，英国锁匠及高产发明家约瑟夫·布拉默为世界上第一台液压机申请了专利。世上所有的液压机械，从挖掘机到机械手都有着相同的工作原理。

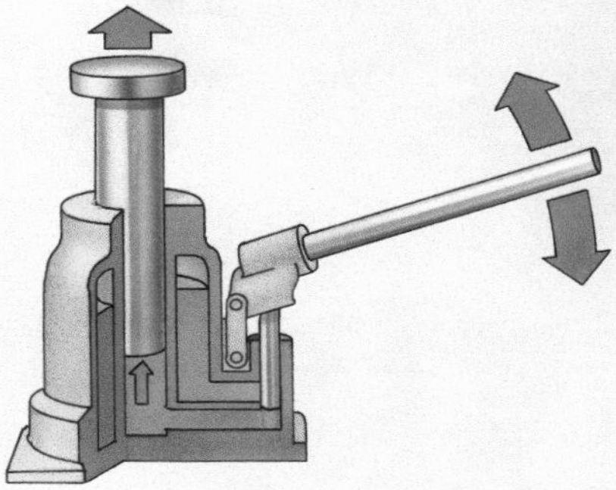

液压机应用了帕斯卡原理，该原理指出，如果对封闭流体的一处施加一个力，这个力就会传递到流体的各处。因此，下压杠杆会使绿色部分的流体通过机器，并推动活塞。

布拉默的液压机有两个液压缸和活塞，而两端活塞的面积不同。液压机可以将力放大，就像一个杠杆。施加在小活塞上的力在大活塞上转化为更大的力。两端力的差值与两个活塞的表面积的差值成正比。小活塞上作用力的运动距离比大活塞上作用力的运动距离要远，与作用力的大小成反比。所以，如果作用力增加一倍，大活塞的运动距离只要一半。用液压可以产生巨大的力量。例如，如果第二个活塞比第一个活塞大一百倍，力就能放大一百倍。当然在这种情况下，第二个活塞的移动距离只有第一个活塞的百分之一。

35 工业革命

19世纪初，在英国发生了一个根本性的变革，后来传遍了全世界。在此之后，农耕社会就开始逐渐地向大城市和工业社会转变。

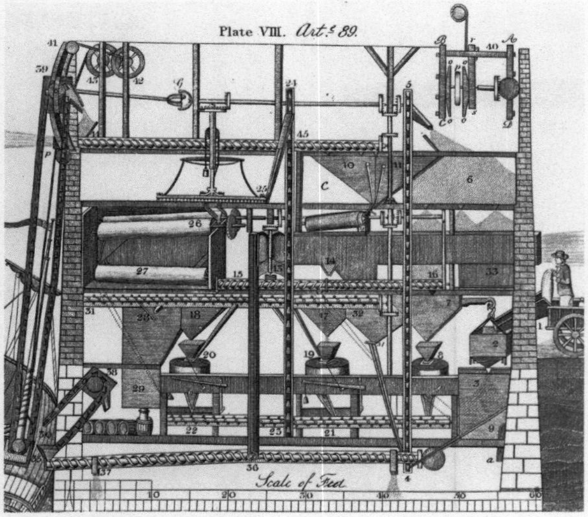

18世纪90年代，美国工程师奥利弗·埃文斯发明了一间全自动磨坊。由于美国独立之后英国不再为其供应面粉，因此，美国的新政府就出资建造了这间自动磨坊，目的是提高面粉的生产质量。

纺织业的发展是工业革命的主要推动力。以前，商人会向家庭作坊提供原材料和基本设备，然后再回收成品。这种工作方式效率很低。在18世纪，一系列的创新使得纺织制造业的生产力不断提高，也降低了对劳动力的需求。在1764年左右，英国人詹姆斯·哈格里夫斯发明了珍妮纺纱机（它被视为工业革命的一个缩影）。这台纺纱机可以一人同时生产出多个线轴。后来又出现了其他的发明，比如埃德蒙·卡特赖特在18世纪80年代发明的机器织布机。在制造厂和工厂中大量投入这些省力的装置是非常有意义的。

金属冶炼

炼铁和蒸汽机的发展也加快了步伐。蒸汽机提升了煤矿开采的效率，而煤为炼铁的熔炉提供了燃料。钢和铁是制造新机器的基本材料。在18世纪早期，亚伯拉罕·达比发现了一种更加廉价、更容易生产铸铁的方法，用焦炭代替木炭作为熔炉的燃料。19世纪50年代，亨利·贝塞麦发明了一种低成本大规模炼钢的工艺。就这样，蒸汽机与钢铁的结合，共同造就了运输货物的机车和船只。

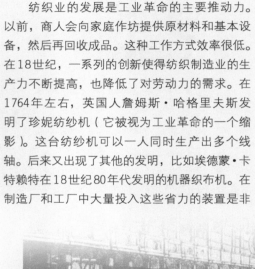

这家位于德国东部的钢铁厂建于1868年，是该国最早的钢厂之一。在19世纪的最后二十几年，德国工业化发展的速度非常快。

能量供给

工业革命发生在英国的原因之一是，英国的煤炭储量十分丰富。英国的煤炭产量从1750年的500万t猛增到1850年的5000万t。以煤为动力的蒸汽机，反过来继续驱动采矿。蒸汽驱动的抽水机使竖井可以打得更深。不过技术并没有改善矿工的境况，矿井事故屡见不鲜，男人们无论老少都要下井。

公路和铁路

工业革命改变了人们的生活，其中也包括人们的交通方式。在使用蒸汽机作为动力之前，原材料和成品都是通过马拉货车在维修不善的公路上运输的，或通过河流和运河上的船只，从一个国家航行到另一个国家。1803年，英国工程师理查德·特雷维西克建造了第一条蒸汽机车铁路。到了1830年，利物浦至曼彻斯特的铁路成为世界上第一条提供定期客运服务的蒸汽铁路，到1850年，英国已拥有将近10140km长的铁轨。在19世纪20年代，苏格兰工程师约翰·麦克亚当发明了碎石铺路法，在道路上铺上碎石，使其更加平整、更加耐用。

1779年，在英格兰什罗普郡的塞弗河上建造的铁桥，是世界上第一座铁桥。它所在的村庄现在名为铁桥村。

全球化运动

工业化也有其不利的一面，因为熟练的工匠被机器所取代，工人们纷纷从农村涌入工厂周围广阔的城市地区。于是，城市开始出现了住房短缺、拥挤不堪的情况。1760年至1830年左右，工业革命很大程度上只发生于英国本土。为了保持优势，英国禁止向其他国家出口机器和技术工人。但海外一些寻求利润的英国人想方设法把他们的技术带到了国外。威廉与约翰·科克雷尔在比利时建立了机械加工厂，使比利时成为了第二个发展钢铁、煤炭和纺织业的工业化国家。法国因为自身革命，被落在了后面，不过到了19世纪中叶时，也成为了一个工业大国。德国虽然自然资源丰富，但直到1870年成为一个统一的国家之后，才开始发挥出潜力。在大西洋彼岸，随着20世纪的到来，美国的工业实力开始逐渐超越了欧洲。

勒德分子

现在，人们习惯把不喜欢科技的人称为“勒德分子”。这个称呼可以追溯到19世纪英国的一次劳工运动，当时，工人们改善工作环境的要求被拒绝后，他们的成员就砸毁了纺织机械。勒德分子的名字来自于内德·勒德，据传，就是这个神话般的人物发起了这场运动。骚乱持续了数年，直到政府采取了严厉的镇压行动，将骚乱分子处决和流放，才结束了这场运动。

36 电动机

1821年，英国科学家迈克尔·法拉第发明了当今世界无处不在的设备之一——电动机。他的发明建立在一个新的物理学领域——电磁学的发现基础上。

1833年，美国人约瑟夫·萨克斯顿发明的萨克斯顿磁电机是一台早期发电机，通过转动手柄来产生电流。

1800年，亚历山德罗·伏特发明了电池，这是一种可靠的电力来源，几周之后，科学家们就开始在各种实验中使用电池。人们最早发现电力可能产生运动是在1820年，当时丹麦科学家汉斯·克里斯蒂安·奥斯特注意到，当指南针靠近带电的导线时，指针会随之转动，这就是电力产生的磁性效应（电磁效应）。

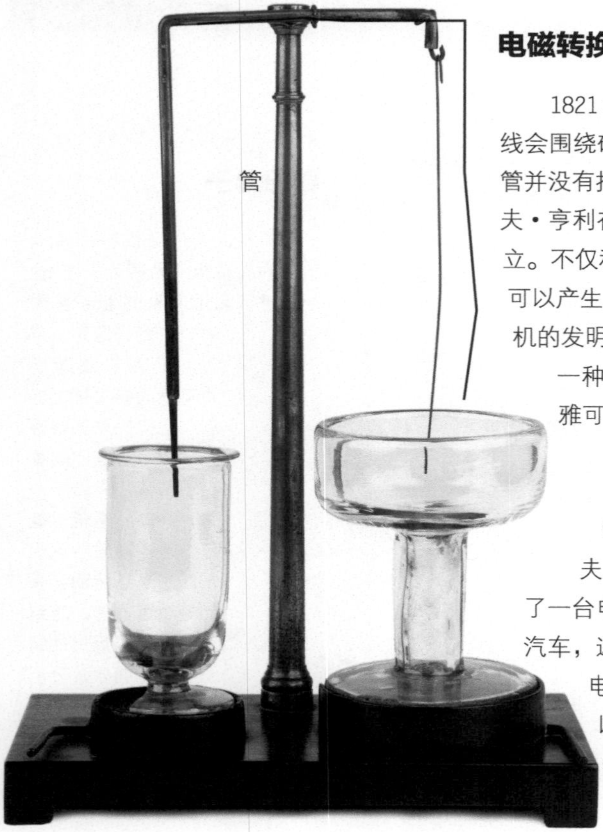

1821年，迈克尔·法拉第设计的电动机原型。

电磁转换

1821年，迈克尔·法拉第的实验证明，悬挂的带电导线会围绕磁铁发生旋转。这成为了世上第一台电动机，尽管并没有把动能传递到机器上。在1831年，法拉第和约瑟夫·亨利在美国各自研究发现，奥斯特的发现反过来也成立。不仅移动的电流可以产生磁性，移动的磁铁反过来也可以产生电流，这就是电磁感应的原理。电磁感应为发电机的发明奠定了基础，它实际上是一个反向电动机。

一种说法是，世界上第一台实用电动机是1834年由雅可比在普鲁士制造的。这台使用U形磁铁制作的电动机，可以产生15W左右的功率。另一个版本称，第一台实用电动机的发明者是佛蒙特州的铁匠托马斯·达文波特。达文波特利用他从约瑟夫·亨利那里买来的设备，同样在1834年制作出了一台电动机。1837年，他用电动机驱动驾驶了一辆小汽车，这可能是世界上第一辆电动车。达文波特开发了电动机的许多新用途，包括丝绸编织、操控车床以及驱动印刷机。他曾用他的电动印刷机出版了《电磁和机械邮报》一书。

37 水处理

充足、新鲜、洁净的水对人的健康至关重要。水的净化方法最早可以追溯到4000多年前，远在人们掌握细菌或其他病原体的知识以前。

托马斯·克莱普

托马斯·克莱普是19世纪一位非常成功的抽水马桶制造商，但抽水马桶并不是他发明的。第一个抽水马桶是约翰·哈灵顿爵士在1596年发明的。抽水马桶包括了一个椭圆形的便盆，用沥青和树脂进行了防水处理，并通过楼上的水箱中的34升水进行冲洗。哈灵顿称，在缺水时，一次冲洗最多可以处理20人次的排便！

一些梵语著作中提倡人们将水煮沸并用沙和木炭过滤。1804年，罗伯特·汤姆在苏格兰的佩斯利设计了全市第一个水处理厂。汤姆使用的是一种能够过滤掉污染物的慢沙过滤器。1827年，詹姆斯·辛普森设计了一个与汤姆类似的方案，并很快地在全英格兰建造了城市水处理厂。

在19世纪中叶的伦敦，霍乱等疾病在被迫饮用不洁水源的密集人群中迅速蔓延，有人发现，在安装了沙滤器的地区，霍乱的爆发有着显著的减少。基于这一发现，英国在1852年颁布通过了《大都会水法》，填补了这方面立法的空白，并在全市安装了沙滤器。

实际上，到19世纪中叶时，伦敦的基础设施已经不能满足城市发展的规模。城市产生的大量污水被直接排入泰晤士河，泰晤士河只不过是一个开放的下水道。1858年炎热的夏天造成了“伦敦大恶臭”，令人作呕的毒气使议会陷入停滞。为了应对这种窘境，伦敦城市建设的总工程师瑟夫·巴扎杰建造了一系列低层下水道，将污水引向新的污水处理厂。低层的下水道建在河堤背面，利用了泥泞的河堤，并创造出可以建造道路和公共花园的土地。

漫画中突出描绘了泰晤士老人（泰晤士河的绰号）的糟糕处境，以及在修建起下水道后重新恢复了活力。

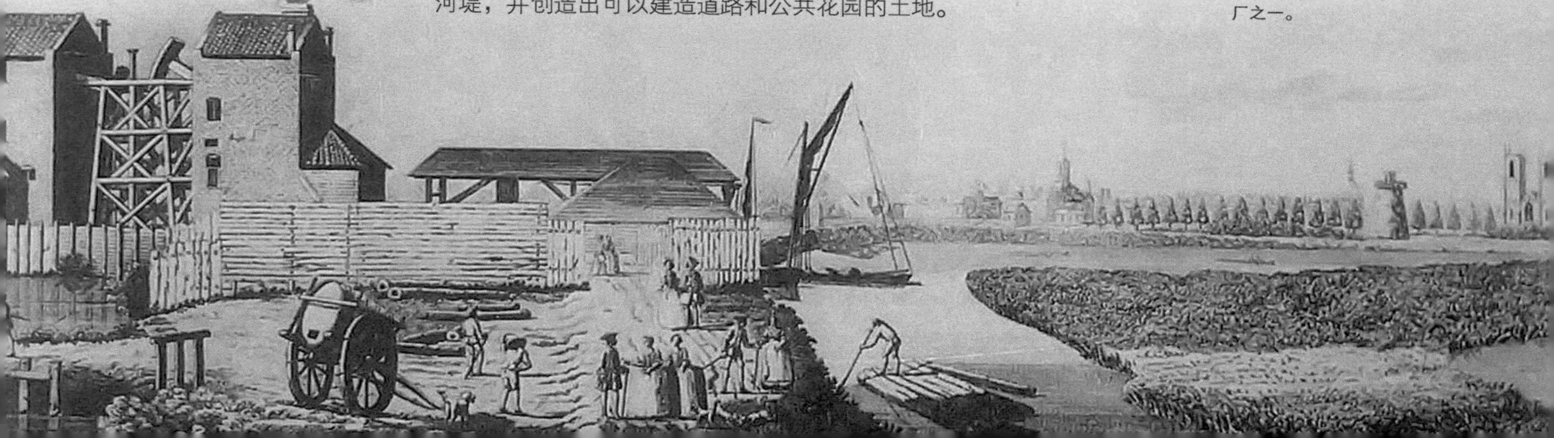

位于伦敦切尔西的自来水厂，它是最早的大型净水厂之一。

38 制冷

数千年来，人们冷藏食物的唯一方式就是用冰。但是冰并不容易得到，并且除非自己建造冰窖，否则不可能将其保存一整年。

詹姆斯·哈里森的制冰机在商业上是可行的，因为在闷热的澳大利亚几乎没有天然冰源可用。

1748年，苏格兰化学家威廉·卡伦在制造制冷机方面取得了首个突破。他利用真空泵使一种化学液体沸腾，沸腾时从空气中吸收热量，使周围的温度下降、周围的水结冰。1805年，美国人奥利弗·埃文斯应用这个原理提出了一种冷却系统，先将乙醚蒸发，然后在一个封闭的系统中将其冷凝。埃文斯从未将机器制造出来，不过后来工程师们将其付诸实践。他的美国同行雅各布·帕金斯获得了首个电冰箱专利，但他的机器效率太低，无法与天然冰业相抗衡。1851 年，詹姆斯·哈里森在澳大利亚的吉朗制造出世界上第一台实用冰箱和制冰机。

39 远洋客轮

直到1818年，地中海和德国的河流上还有许多尾式或侧式桨轮驱动的蒸汽轮船在河面上穿梭。这是为制造出足以横渡大洋的强大轮船而催生的一场竞赛。

1838年，大西部号客轮横渡大西洋，创造了在14天内横渡大西洋的历史纪录。

起初，人们将蒸汽机作为航行中的备用动力。1819年5月，配备有可折叠桨轮的萨凡纳号客轮首次实现了以蒸汽为动力的横渡大西洋的目标。这次航行持续了633个小时（26天多一点），其中只使用了80个小时的蒸汽机，这其实显而易见。到了1833年，蒸汽动力船已经能行驶到印度、南非和澳大利亚了。主要的航运公司竞相建造能完全使用蒸汽动力，高速穿越大西洋的大型船只。1838年，天狼星号客轮首次尝试提供跨大西洋的航线服务。天狼星号是一艘伦敦出发的小型客轮，载有40名付费乘客，于4月4日从爱尔兰

伊桑巴德·金德姆·布鲁内尔，远洋轮船的先驱。照片拍摄于大东方号客轮的锚链前。

的皇后镇起航。四天后，天狼星号最大的竞争对手大西部号客轮，从英国的布里斯托起航。天狼星号最先到达，但在船上的煤用完后，它不得不把家具作为燃料，而大西部号携带的燃料足以维持全程。大西部号的设计师伊桑巴德·金德姆·布鲁内尔决心超越所有的对手。1839年7月，布鲁内尔开始在布里斯托建造一艘3270t的钢铁船，名为猛犸号。布鲁内尔打破常规，设计了一艘螺旋桨驱动的船舶，是世界上第一艘没有使用桨轮的大型船舶。这艘船完成后，可以为360位乘客提供豪华的住宿，现在它被更名为大不列颠号。

更大更好

大约同一时间，塞缪尔·丘纳德的第一艘船——布丽坦尼娅号，也开始服役，携带着信件横跨大西洋。于1840年7月17日停靠在新斯科舍省哈利法克斯，在11天4小时内横跨了大西洋。虽然比不上大不列颠号客轮的舒适，但丘纳德建造的邮轮既快速又可靠。到1853年时，大不列颠号已经能容纳多达630名乘客住宿，在伦敦和澳大利亚之间载客航行。

1854年，布鲁内尔开始建造大东方号客轮。从未有人想到过，这艘搭载有4000名乘客和足够多煤炭的巨轮能够在不加油的情况下驶达澳大利亚。大东方号是当时世界上最大的船只。这艘211m长的船有着六个桅杆、桨轮以及螺旋推进器。它的满载量重达3万t。直到1907年，超级邮轮（如卢西塔尼亚号）出现后，大东方号才被超越。不幸的是，这艘船被一些技术问题困扰,从未能真正地展现它的魅力。在大东方号试航的第四天，布鲁内尔就去世了。

香蕉船

20世纪初，很多大型水果公司建造了冷藏船，将易腐烂的香蕉从热带运送到美洲和欧洲市场。其中许多船舶也为付费乘客提供豪华舱位，这成为了游轮业的开端。水果船通常漆成白色，以反射阳光、保持货物的凉爽。自此以后，游轮就一直是白色的。

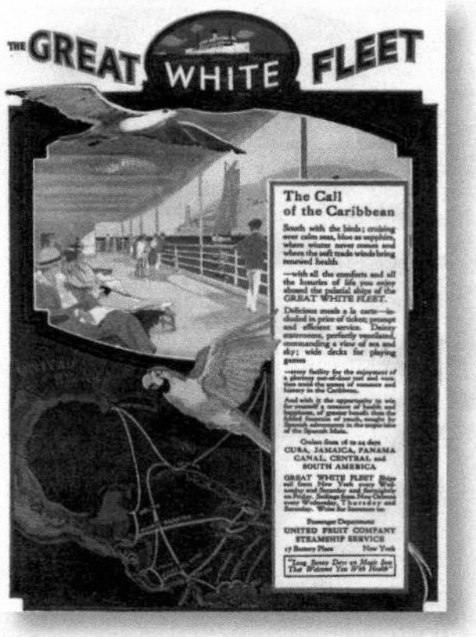

卢西塔尼亚号邮轮，当时最快的邮轮，在1907年第一次航行后停靠在纽约的港口。

40 自行车

来自苏格兰农村的铁匠柯克·帕特里克·麦克米兰用他的金属加工技能制作了第一辆踏板自行车。他用它在家乡邓弗里斯郡的小巷中穿行，但他的发明既没有为他赢得名气，也没有令他发财致富。

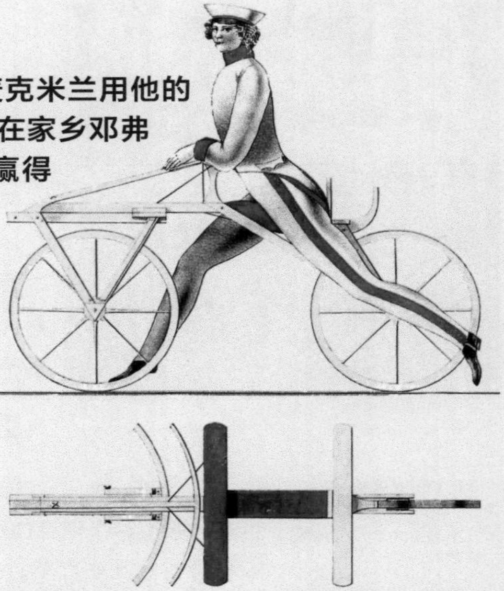

1817年在德国发明的这种“花花公子”车，如此命名是因为它一般是富裕年轻人（花花公子）的玩物。

直到1839年以前，旅行最快捷的方式还是骑马，或至少有一台“花花公子”（见右图）。这台木架机器有两个串列的铁轮胎，人靠脚来推动自己前进。骑手用车把控制方向，用刹车来停车。下山倒还好，但在平坦的路面骑车比较困难，若是上山就更加困难。

麦克米伦是个实干的年轻人。小时候，他曾看见有人骑着骏马穿过他的村子，就决定为自己也建造一匹。这项任务完成后，他想象着如果他能推动机器，到底能跑得多快。麦克米伦开始着手这项革命性的设计，1839年，他的脚踏车已准备上路行驶了。他的双脚在踏板上垂直往复运动为自行车提供动力。这种运动通过连杆传递到后轮上的曲柄，使后轮旋转并带动自行车向前，它的基本原理一直沿用至今。柯克·帕特里克的自行车很重，因此骑自行车上山需要耗费巨大的体力。这并没有吓倒强壮的柯克·帕特里克（尽管当地人叫他“愚蠢的帕特”）。他用不到一个小时就可以骑到22.5km外的杜姆弗里斯镇。

柯克·帕特里克并没有为他的发明申请专利，他的设计又被其他人进行了改进。19世纪60年代，法国工程师制造了一台类似的机器，在前轮上安装了脚踏板，并称之为“快脚”。在19世纪80年代，首次出现了一种链条传动式自行车，它被称为“安全自行车”，链条为后轮提供动力，可以让前轮自由独立转向。

19世纪下旬设计的“快脚”，大大的前轮能使人骑得更快，与链条驱动的“安全自行车”车轮尺寸相似。

41 泰晤士河隧道

在19世纪初，伦敦迫切需要建起一条隧道，将泰晤士河北岸和南岸的码头连接起来。因为河道上还要通航大型船舶，因此无法架设桥梁，建造隧道是唯一的选择。

矿工正在隧道盾构段内挖掘。盾构外壳的关键在于它支撑着前方和四周无衬砌的地面，防止倒塌。

事实证明，在泰晤士河道的软质黏土下挖掘存在着很大困难，早期所有尝试都失败了。在泰晤士河下建一条隧道似乎不可能实现。

工程师马克·布鲁内尔并不这么认为。他与托马斯·科克伦共同发明了一种盾式防护壳，使在黏土下挖掘隧道成为可能。他的灵感来自于一种不起眼的蛀船虫，它的头部被坚硬的外壳所保护，使其能够穿透船舱的木板。加筋铸铁的隧道盾分为36个小单元，保护着其中挖掘隧道的矿工。随着挖掘的推进，千斤顶也将盾构外壳向前推进，随之建起砖墙。1825年，修建隧道工程开始。

即便如此，地下的工人们仍然面临很多危险。上方河道中的污水下渗，使许多人病倒了。高浓度的甲烷常常引起火灾，洪水也经常发生。不久，马克·布鲁内尔的儿子、20岁的伊山巴德也加入了规模日渐缩小的隧道工人队伍。

泰晤士隧道在开工18年后终于竣工。它宽11m，高6m，在地下23m深延伸了396m。由于地下水源源不断地下渗，便安装了排水泵，又安装了照明，建造了道路和螺旋楼梯。1843年3月25日，泰晤士隧道作为步行通道向公众开放。

1843年竣工的泰晤士河隧道是世界上第一条在通航河流下挖掘的隧道。起初，它供马车和行人通过。而如今，它成为了伦敦地铁网的一部分。

42 炼钢

在19世纪中期的大型建筑项目中，都需要使用到铸铁或熟铁，但这两种材料都存在问题。钢材的性能优异，但价格昂贵。1855年以后，这一切都发生了改变。

改变这一切的人是亨利·贝塞默，他是一位住在英国的法国工程师的儿子，从小就显示出发明的天赋。19世纪50年代克里米亚战争期间的一项事业使他走上了伟大的道路。当时使用的子弹如果直接命中是致命的，但是精度不高。贝塞默设计了一种细长的子弹，子弹周围有螺纹，枪管内壁也有螺旋槽（我们现在称之为膛线），通过旋转来提高它的精度。问题是，当时的枪管不够结实，常常会在开火时被打得粉碎，不能发射出子弹。贝塞默需要钢制的枪管，一种铁和碳的强合金。铸钢是一种理想的材料，但只能小批量生产，因此非常昂贵。贝塞默实验是在一个小炉子里把空气吹到熔化的生铁上，发现可以转化为钢。空气将碳杂质氧化，同时燃烧掉产生的一氧化碳。接下来，他需要研究如何将所有的熔化的生铁尽快地暴露在空气中。

铝

尽管铝是地壳中含量最丰富的金属，但它却难以精炼，以至于曾被视作一种贵金属。铝条曾是法国王冠上的装饰。1886年，美国人查尔斯和朱莉娅·霍尔以及法国人保罗·赫鲁尔各自独立地发现了电解制铝的一种新方法，在铝的生产方面取得了重大突破。

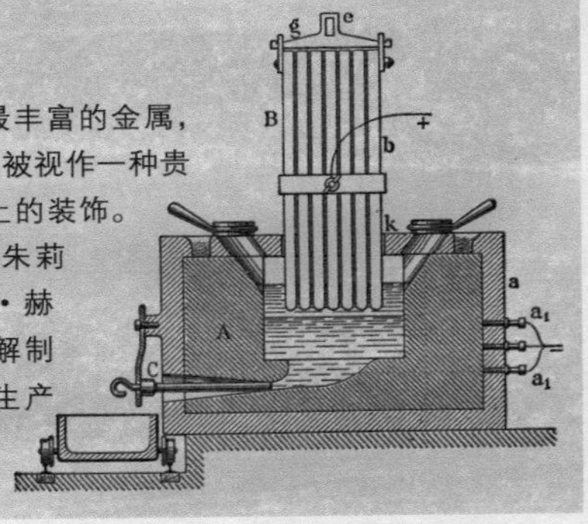

亨利·贝塞默的钢材大规模生产，使钢材价格大幅下降。毫不夸张地说，是它加速了工业革命的进程。

1855年，贝塞默研究出了一种新工艺。将熔化的生铁从顶部倒入一个很大的梨形容器，而将冷压缩空气从底部注入容器。几分钟内，就能将铁中的碳、锰和硅杂质氧化，将一氧化碳燃烧去除，其他杂质形成残渣，浮于液态金属的顶部。一些反对者认为，冷空气会使铁过早凝固，但亨利的实验证明，氧化产生的热量足以使金属保持熔化状态，无须耗费更多昂贵的燃料就能使铁保持熔融状态。

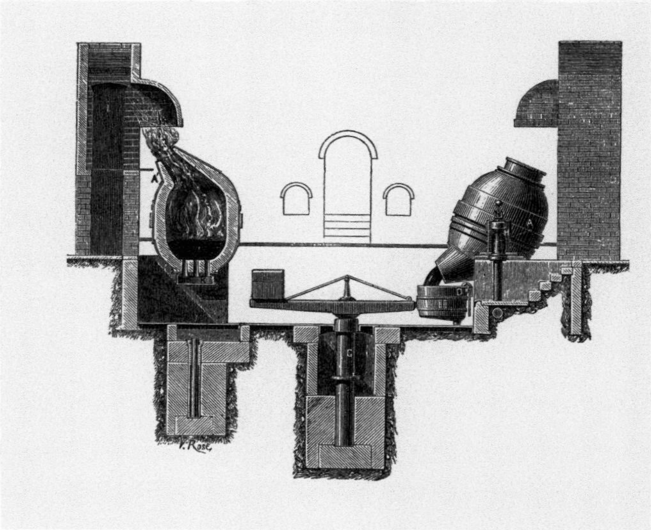

贝塞默的炼钢机器，被称为转炉，是为了获得最大效率而设计的。直立时其中的空气把杂质燃烧掉，倾倒后可以将钢水倒出。

以前，12小时可以生产出1.5t铸铁，而现在在贝塞默转炉中，可以在20分钟内生产出10倍的钢。亨利·贝塞默的发明是钢铁行业中最重要的突破，从铁轨到建筑框架的各种物品都可以用高强度钢铁制造而成。

43 塑料

塑料重量轻、可塑性强，既可坚硬又可柔软。现在，塑料几乎无处不在，从手机、汽车、机器人到替代人体部件，是很多物品的重要组成部分。

一组派克辛制品，包括一个台球、塑料管和珠宝盒。

1856年，伯明翰冶金学家、发明家亚历山大·帕克斯为全世界第一种人造塑料申请了专利。它是一种硝化纤维素化合物——经过硝酸和溶剂处理的纤维素——他称之为派克辛。帕克斯在伦敦开设了一家工厂，但他的产品很快就从公共视野中消失了，因为它价格昂贵、容易开裂，并且极易燃。他的英国同胞丹尼尔·斯皮尔发明了一种改进塑料——赛璐珞，但他为此卷入了专利纠纷而破产。接下来，美国人约翰·卫斯理·凯悦成功地制造出了第一种能够真正使用的塑料。在1869年获得了帕克斯的专利后，凯悦开始试验派克辛，试图为象牙台球找到一种替代材料。他成功地发明了赛璐珞，并于1872年投入大规模生产。他的公司生产了赛璐珞琴键、假牙和台球等许多东西。

44 装甲

美国内战初期，以蒸汽为动力的战舰登上了战争的舞台，它们装备着铁甲、装载着爆炸性炮弹的火炮，彻底改变了海战的面貌。

1862年3月9日，在美国弗吉尼亚州的汉普顿路战役中，爆发了世界上第一场铁甲舰之间的交锋，交战双方是南方邦联海军的弗吉尼亚号装甲舰与北方联邦海军的小型装甲炮舰莫尼特号。弗吉尼亚号是由一艘旧护卫舰（梅里马克号）经过彻底重建制造而成的。主甲板被设计在水面以下，上面覆盖有10cm厚的铁板。在顶部建造了一个倾斜的装甲外壳，两层5cm厚的镀铁层与水平方向呈36度角，以此阻挡敌人的火力。战舰上有14个炮口，配备了强大的火力。

在这次与莫尼特号史诗般的遭遇战之前，弗吉尼亚号已经击沉了两艘联邦战舰。莫尼特号的设计完全是革命性的。她比弗吉尼亚号体积更小，但速度更快、更敏捷，并装备有两架回旋式炮塔。战斗持续了数小时，两艘船都受到了直接攻击，但都不是毁灭性的。莫尼特号最终撤离以评估损失，但战斗没有分出胜负。尽管两艘战舰最终都没有在战争中幸存下来，但它们抗击炮弹直接打击的能力，使双方海军都更有信心建造更多的战舰。事实上，北方海军仿照莫尼特号共建造了50艘相似的战舰。

在军舰船体上覆盖金属的想法并不新鲜。18世纪，英国海军就曾在其军舰上装配了铜板，但这样做不是为了抵御敌人的炮弹，而是为了保护船底不受蛀船虫的侵害。19世纪中叶，随着海军炮兵火力的增强，铁甲的防御强度变得至关重要，而蒸汽机比船帆动力更强，也能够推进更重的铸铁战舰。1859年，第一艘远征铁甲舰格洛瓦尔号从法国起航。两年后，英国也有两艘战列舰投入使用，分别是勇士号和黑王子号。

第一次装甲舰之战是南方邦联海军企图打破北方联邦海军对切萨皮克湾的封锁。这次战役没有胜利者，未来许多重型装甲战舰的交战也是如此。

45 地铁

起初，英国的一名律师建议修建一条地下铁路以缓解街道上的交通堵塞时，人们并没有把他的建议当回事。但事实证明，他的建议终究还是改变了城市的交通方式。

19世纪50年代，帕丁顿、尤斯顿和国王十字车站在伦敦以北各自距离很近的地方落成后，该地区的交通拥堵变得无法忍受。查尔斯·皮尔逊的建议是：在车站之间建造一列地下火车，以疏导地面上的街道交通。起初，人们认为他的想法不切实际，但在1854年，人们同意建造世界上第一座地铁。短短9年以后的1863年，地铁就在伦敦的街道下建成了，遗憾的是皮尔逊没能在生前看到它。

伦敦地铁的车站部分是用明挖法建造的。先在地面上挖了一条很深的沟渠并铺设铁轨，再重新将其覆盖起来，恢复地面上的正常生活。其余的隧道部分使用了布鲁内尔发明的盾构法施工。这条全长6km的地铁大获成功，在开通的第一天，就引起了轰动，有38 000名乘客乘坐由蒸汽机车牵引的煤气灯车厢旅行。在接下来的几年里，伦敦地铁网络迅速扩展。其他国家也认识到，快速交通地铁网络可以在很大程度上缓解街道拥堵问题。1896年时，匈牙利的布达佩斯和苏格兰的格拉斯哥市都建立起自己的地下快速交通网络。1904年，纽约的第一条地铁线路开始载客运行。1935年，莫斯科地铁也紧随其后。

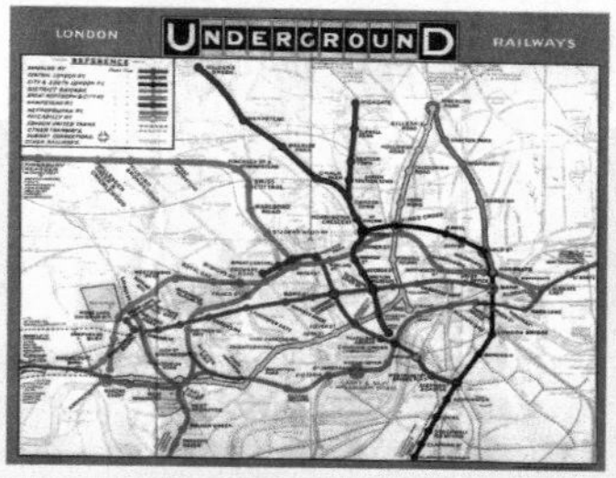

地铁线路图

哈里·贝克是一位擅长绘制电路图的技术绘图员。他认为，伦敦的地铁乘客更关心的是哪条线路能到达目的地，以及需要在哪里换乘，而不是地理上准确无误。因此他设计了一个用不同颜色的线条表示的图解地图。地图在1933年出版后大获成功。经过一些修改后，如今仍在使用，这个概念更是被世界各地所复制。

一列途经伦敦帕丁顿街与普拉德街交口的地铁。

46 横贯大陆的铁路

1869年以前，乘四轮马车从东到西穿越美国需要6个月的时间。而1869年之后，乘坐直通西海岸的跨大陆铁路，旅程只需要一个多星期。

修建铁路是一项艰苦而危险的工作。据估计，在6年的建设过程中，有1000多名工人不幸丧生。

横贯大陆的铁路是工程上的一大胜利，它征服了陡峭的峡谷和险峻的山峰，途中跨越了数百座桥梁和数十条隧道。铁路使美国西部的经济和殖民地发生了革命性的变化，使货物和旅客的运输更加快捷、便宜和灵活。这条3069km的“陆路路线”从密苏里河东岸的康瑟尔布拉夫斯一直延伸到加利福尼亚州海岸的萨克拉门托。

七年前，《太平洋铁路法》特许了两家铁路公司来建造这条铁路：中央太平洋铁路公司和联合太平洋铁路公司。这两条铁路都是以土地的形式支付的，每英里（1英里≈1.609344km）的轨道都会付费，因此这个项目就变成了一场竞赛。中央太平洋铁路公司从西面开始铺设，面临的问题最大。因为加州与世隔绝，从镐、铲到铁轨和火车头，这些建筑材料都必须用船运输到工地。在大约200天内，大部分货物都要绕过南美洲南端的合恩角航行29 000km。新巴拿马铁路的路线较快（40天），但价格贵了一倍。

翻山越岭

早期穿越美洲大陆的火车是用烧柴机车牵引的。他们行动缓慢，在克服陡峭的地形时十分吃力。要让太平洋中部的火车能够征服内华达山脉，需要一种与平原沙漠上完全不同的机车。19世纪70年代以后，早期利用东部森林和落基山脉丰富木材的烧柴机车，逐渐被越来越大型的燃煤蒸汽机所取代。

要攀升到内华达山脉的唐纳山口，铁轨必须在145km内急剧爬升2133m。在山区，中央太平洋铁路公司的大量中国工人不得不在山区开凿出15条隧道，其中包括长达506m的山顶隧道。工程推进的速度是令人痛苦的慢：在使用硝化甘油爆破岩石之前，每天只能开凿一英尺（30.48cm）的长度。雪是山里的另一个威胁。为了保证高海拔路段冬季的畅通，人们在上方建造了59.5km的木制雪棚，以保护新线路免受雪崩的侵袭。穿过内华达山脉之后，线路铺设速度就加快了。中央太平洋铁路公司的工人们在一天内曾最多铺设了16km的轨道，这个纪录保持至今。

从东方进军

联合太平洋铁路公司从东海岸开始，最初穿过相对容易的大平原，然后驶入落基山脉的山麓。然而，工程师和工人们还面临另一个问题：眼睁睁愤怒地看着自己土地被夺走的美国原住民。

前方的队伍在峡谷上架起木栈桥。其中一条位于怀俄明州的戴尔溪桥，全长198m，高出山谷底部38m。需要创新的施工技术，工人们在芝加哥预制出桥梁构件，再用火车运输到现场进行组装。1869年5月，当中央太平洋铁路公司和联合太平洋铁路公司的工人在6年多的时间里分别铺设了1110km和1746km的轨道后，终于连接在了一起，将美国东西海岸真正地连接在了一起。

从城市到城市

1830年开通的世界上第一条连接两个城市的铁路，由乔治·斯蒂芬森设计，线路从利物浦到曼彻斯特。这两个城市的工厂之间需要频繁的交通往来，利物浦港口的原材料需要运输到曼彻斯特的工厂，并将产品运回港口。他们最早通过布里奇沃特运河运输，但现在需要一种更加快捷、廉价的货运方式。这条铁路既载客，也载货。

1869年5月10日，在犹他州的海角峰会上，铁路企业家利兰·斯坦福敲进一枚金钉，将这条横贯大陆铁路的最后一道铁轨连接在一起，将美国的东西海岸连接在一起。

47 电话

现代手机和第一台电话的基本原理是一样的。对于早期的先驱者来说，要解决的最大问题是如何将声波转换成电信号。

电话由以下几个部分构成：可以供人说话的麦克风，可以将声音变成电信号的设备，可以将电信号发送到目的地的途径，以及将电信号转换为声音的扬声器。

苏格兰裔加拿大人亚历山大·格拉汉姆·贝尔发明出了能传送人类声音的电话。贝尔的母亲失聪了，他的父亲发明了一种教聋人说话的方法，贝尔也沿用了这种方法来继续教学。后来，他开始研究如何让聋人听到声音。1874年，他发明了一种被他称为留声机的装置。通过对一个死人的耳朵讲话，使耳膜振动并带动与之相连的杆在烟熏玻璃上留下波形图。声音越大，则波形越大。在接下来的两年里，他致力于研究如何将声波转换成电流，而不是连杆的运动。

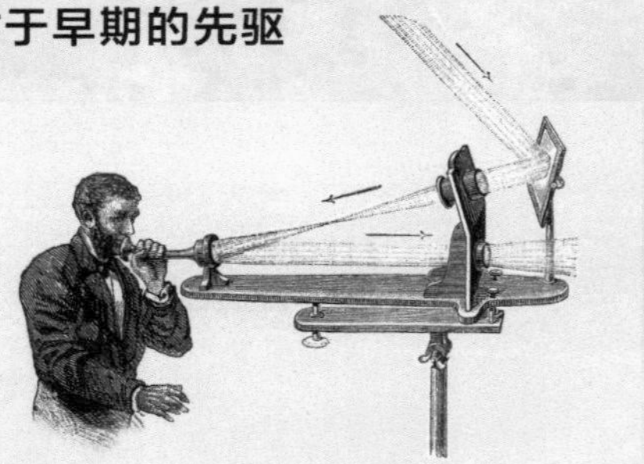

光电话

贝尔的光电话是世界上第一个无线电话系统。话筒发出的声音使镜面发生震动，改变了反射到接收镜上的光通量，然后接收镜里的光波被转换成了声音。但它还有一些实际问题，例如在阴天就无法使用，因此它从未被人们广泛使用。不过，它现在被公认为是传送电话和网络信号的光纤通信的先驱。

液体传声器

1876年3月10日，贝尔的研究取得了重大的突破，他首次公开展示了他的“液体传声器”。这个巧妙的装置由一个竖直的圆锥体和羊皮纸组成，羊皮纸像耳膜一样连接至底部的开口。在羊皮纸的外面与带有针头的软木塞连接，浸入一个装有稀硫酸的小容器中。针就被连接到了电池上。贝尔对着圆锥体的开口说话时，声波使羊皮纸和下面的针产生振动。振动改变了电流在电触点之间的传递，将声波转换为电信号。信号通过电线传到另一个房间的接收器上，将电脉冲转化为声音，接收器的那一端是他的助手托马斯·沃森。

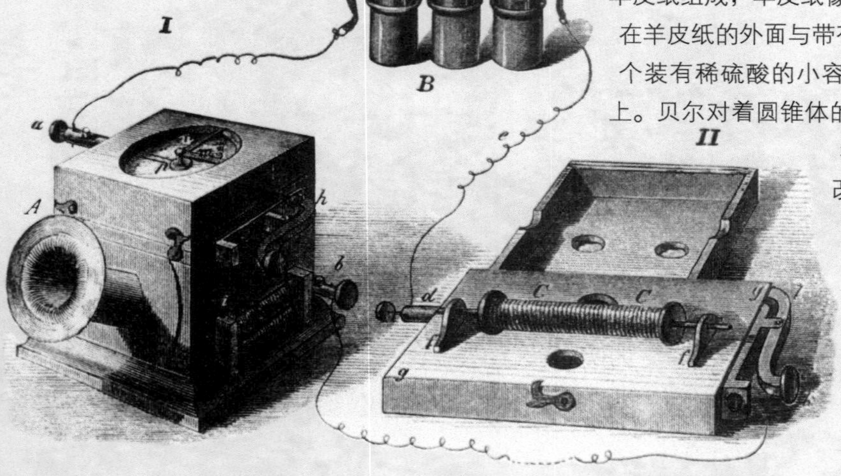

1861年里斯发明的电话是第一个通过电线传送语音信号的设备，尽管它只能单向传送。

1892年，亚历山大·格拉汉姆·贝尔在纽约到芝加哥的长距离线路开通仪式上讲话。

贝尔做实验时不小心在裤子上洒了些酸液，于是对着传声器说："沃森先生，请过来一下。"短短几个月后，贝尔就可以向更远的地方传送语音信息了。

马和黄瓜沙拉

在贝尔发明电话的15年前，德国发明家菲利普·里斯也制造过一台工作原理类似的电话原型，先将声音转换为电能，然后再转换回声音。在他发明的第一个听筒中，将一卷铁丝缠在铁针上，再把针放进小提琴的F孔中。当电流通过针头时，铁丝会微微收缩，并发出咔嗒声。里斯创造了"电话"这一名词来描述他的设备。

托马斯·爱迪生后来这样评价里斯和贝尔的成就："第一个发明电话的人是德国的菲利普·里斯，只是没有发音。第一个用电话公开传递清晰语言的人是贝尔。"这对里斯的成就而言并不公平，因为他其实成功地传出了一句特别的声音："马不吃黄瓜沙拉"。因为这些词在德语中很难用听觉来理解，所以选择了"Das Pferd frisst keinen Gurkensalat"（马不吃黄瓜沙拉）这个特殊短句。

贝尔的装置确实是第一台能够传递清晰语音的实用商业电话——尽管美国人伊莱莎·格雷也几乎在同一时间独立开发了一部电话。爱迪生用碳改进了贝尔的话筒，在很小的压力下就可以改变话筒的电导率。人类的声音现在可以传播得更远、更清晰。直到20世纪70年代，碳精话筒仍被人们大规模生产。

串线

在引进自动电话交换之前，需要成百上千的接线员，夜以继日地手动为人们的电话接线。如果要打电话给朋友，你要先拿起听筒让接线员帮你接通号码。接线员会将电话线与交换总机上对应你朋友号码的插孔接通。那时每小时都有成千上万通电话打进来，因此接错线或者打错了电话都不足为奇。而自动电话交换机可以同时处理多个通话。在现在的数字系统中，偶尔的信号干扰也会导致有第三者加入您的通话，也就是我们通常所说的串线。

48 灯泡

爱迪生灯泡的设计集小电流、高电阻灯丝和安全真空灯泡于一身。白炽灯泡的光源来自于发热，在20世纪90年代之前一直是人们使用的主要光源，直到被高效的荧光灯所替代。荧光灯是通过对灯泡内稀薄的气体通电来发光的。

虽然美国发明家托马斯·爱迪生没有发明电灯，但他是第一个发明白炽灯泡的人，这种白炽灯泡设计实用，而且能够大规模生产。

1809年，英国化学家汉弗莱·戴维制造出世界上第一盏电灯，他把两根电线连接到电池上，并在电线之间连上了一条木炭条。在随后的几十年，人们尝试了多种不同的灯丝。1860年，另一位英国人约瑟夫·斯旺为碳丝灯泡申请了专利，但这些灯泡经常失灵，很少有人想买。爱迪生的团队不断试验了两年，测试了3000多种设计，终于确定了将碳化竹作为灯丝，并在1880年获得了美国专利。经过无数的改进，爱迪生发现这种材料可以发光1200个小时，远远超过了其他的测试材料。然而，爱迪生最伟大的成就才刚刚到来，他后续发明的发电机为家庭提供电力，为他的灯泡和许多其他的电气发明提供动力。

49 发电厂

托马斯·爱迪生获得白炽电灯泡的专利时，他确信白炽电灯泡可以在几年内取代煤气照明。但要实现这一计划，他必须找到一种办法来产生足够的电力。

煤燃烧产生的蒸汽推动涡轮机，使磁场和导体之间的相对运动产生了电流。这些发电机大小是以往发电机的五倍。每台发电机重达27t，可以产生100kW的能量，可以供1000多盏灯使用。爱迪生需要6台发电机才能覆盖纽约2.5km^{2}所需的电能。发电机的第一批

电流之争

尼古拉·特斯拉的交流电（AC）系统每秒电流方向改变数次，是长距离输送电流的关键。电流可以通过提高电压，使用变压器进行长距离传输，然后再次通过降压，最终用于家用电器。发电机组的体积可以变得更大，数量更少，分销成本也随之降低。特斯拉的发电机和变压器系统是节约电能方面的重要突破。到19世纪90年代时，绝大多数家庭和工业都已广泛地使用交流电。

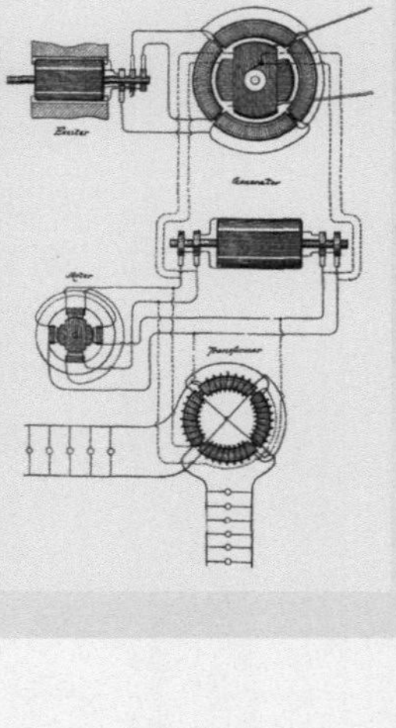

珍珠街发电厂需要大量的煤才能维持发电机运转，直到1884年才开始盈利。在1890年时被烧毁。

使用者中有《纽约时报》，该报的工作人员称，与从前使用的刺眼弧光灯相比，他们的新灯泡质量“柔和、饱满、有益视力”。随着需求的增长，爱迪生直流系统的缺陷也日益凸显。这种形式的电力不能传输很远，所以每隔3.2km就需要建一座发电站。

爱迪生的对手乔治·威斯汀豪斯认为交流电是更好的选择。塞尔维亚发明家尼古拉·特斯拉在设计实用变压器时，为其提供了帮助，使他在1888年获得了许可。交流电可以提升到高电压，相对于较薄的轻质电线来说，可以更高效地进行长距离输电。

托马斯·爱迪生进行了反击。几年里，所谓的“电流之战”充斥着索赔和反索赔。爱迪生坚称高压交流电线太危险，触电屡见不鲜。然而，到了19世纪90年代，两家最大交流电公司的利润超过了爱迪生，他只能被迫接受失败。

如今大多数电力仍是由发电厂的涡轮发电机产生的，但分为几种不同的类型，一类通过燃烧化石燃料产生，另一类依靠核反应，还有一类使用可再生能源。世界上大约40%的电力来自煤和石油燃烧驱动的蒸汽机，20%是靠天然气驱动的涡轮机，还有15%来自核反应堆。

地热能源

地球释放的热量可以提供几乎无限的地热能源。在一些地区，靠近地球表面的岩石和水可以被加热到370℃。从20世纪开始，工程师们开始利用这些热量产生大量的电力，特别是在加利福尼亚和冰岛（见上图）。

50 布鲁克林大桥

布鲁克林大桥在1883年开放时，被人们称为“世界第八大奇迹”，但纽约这座最著名的标志性建筑之一的建造过程却遭遇了一系列的悲剧。

这座桥是连接曼哈顿区和布鲁克林区的第一座桥梁。布鲁克林桥主跨度为486m，毫无疑问地成为世界上最长的悬索桥，也是最早的钢丝悬索桥之一。它的钢索架设在由石灰石和花岗岩建成的两座85m高的塔楼之间。大桥下41m的净空允许大型船舶通行。

在新哥特式的塔楼之间编织钢缆共花费了14个月的时间，而将桥面吊挂在悬索上又花费了5年。

第一场悲剧甚至在开工之前就发生了。大桥的设计者约翰·罗布林在测量时，被一艘渡船撞伤，他的脚被截肢，之后又感染了破伤风不治身亡。

第一项建设任务是建造庞大的支撑塔。塔的地基建于纽约东河水下的岩床上，罗布林的巧妙策略是把松木沉箱沉入到塔楼的地基位置。沉箱是一个开口朝下的巨大箱子，罗布林通过上部充入的压缩空气来避免下沉时河水倒灌。然后，沉箱内的施工队铲除沉淤，将塔基建造于沉箱的顶部。随着沉淤的去除，桥基被逐渐压入河床。

1883年5月24日，布鲁克林大桥开放的当天，大约有15万人通过了这座大桥。它花费了14年时间建造，耗资1500万美元，27人为它献出了生命。悬索设计起初受到一些质疑，但在1884年5月17日，马戏团长巴纳姆带着21头大象走过了布鲁克林大桥，以证明它的坚固。

原型

约翰·罗布林因建造了横跨辛辛那提俄亥俄河的悬索桥而闻名，这是一座以他的名字命名的大桥。给两座塔楼建造基础时，他用木墙围出基坑，抽出其中的河水，并让工人在基坑中挖到河床。罗布林在布鲁克林使用沉箱代替了挖掘基坑，但原理是相同的。辛辛那提大桥于1866年开通，中心跨度322米，是当时世界上最长的悬索桥。

51 摩天大楼

1885年，芝加哥大火后在荒地上建起了一座10层高的家庭保险大楼，虽然现在看起来并不算高，但它彻底地改变了城市的设计方式。

现代摩天大楼的定义是指40层以上的办公或住宅楼。尽管家庭保险大厦仅仅比它的四分之一高一点，但建筑师威廉·勒巴隆·詹尼的革命性设计，在将来被用在建造更高的结构。詹尼看到妻子把一本很重的书放在一只很小的鸟笼上，而鸟笼轻松地就撑起了书的重量，詹尼由此得到了启发。承重墙只能支撑起一定高度的建筑物，因此詹尼使用了可以支撑更大重量和高度的钢框架，大楼的幕墙安放或挂在钢框架上。芝加哥家庭保险大楼因为它的防火设计受到人们的欢迎,立面的钢骨架与石材相结合。它还使用了以利沙·奥蒂斯几年前发明的电梯。芝加哥和纽约这两座城市之间在建造最高建筑方面竞争激烈。纽约多年来一直领先，直到芝加哥于1973年建成了一座442m高的西尔斯大厦（现在的韦莱集团大厦）。这个纪录直到2014年才被纽约541.3m高的世贸中心所超越。

夯土大楼

从远处看，也门的希巴姆看起来像是一个现代化的高层建筑区，甚至被称为沙漠中的曼哈顿。而近距离观看才会发现它其实古老得多，这些五到十一层的大楼是由夯土砖建造的。这个住宅区是在16世纪建造而成的，用来抵御游牧掠夺者。人们经常在墙上涂上新鲜的泥浆，来避免墙面损毁。

纽约的帝国大厦是世界上最著名的摩天大楼之一。这座102层、381m（屋顶高度，含天线443m）的摩天大楼在1931年建成后，统领了纽约天际40年，直到被世界贸易中心双子塔超过。

52 汽车

汽车极大地改变了我们的生活方式，从行驶速度与步行差不多的蒸汽动力车到喷气动力赛车。

使汽车真正用于运输的关键发明是内燃机。在1807年，法国人弗朗瓦索·以撒发明了第一个由内部燃烧产生动力的引擎。它由火花点燃，以氢氧气体混合物作为燃料。内燃机与其他蒸汽机相比更加轻便、紧凑、高效、启动快速。

奔驰专利汽车配备了一个后置式954 cc单缸四冲程发动机。它用药店可以买到的一种汽油——石油醚作为燃料，用震颤火花线圈点火。钢制辐条车轮上包裹着实心橡胶轮胎，行驶时十分颠簸。

动力机车

整个19世纪，工程师们都在竞相开发更高效的内燃机。1860年，比利时人埃特尼·勒努瓦发明了第一个单缸二冲程引擎，用电火花点燃煤气和空气的混合物。1863年，他用这个煤气发动机驱动了一辆他称之为“Hippomobile”的汽车，在3小时内完成了17.7km的试驾。

在之后的几年里，汽车技术出现了一个又一个新的发展，大部分的创新都发生在德国。在1864年，奥托和欧根·兰根发明了一个四冲程内燃机，比二冲程的效率更高，1876年，他们发明了第一个可以将燃料混合物压缩后点燃的引擎，可以达到更高的效率。1885年，戴姆勒的“骑式车辆”是世界上第一个由内燃机驱动的双轮车，并宣称是世界上第一辆摩托车。

蒸汽运输

法国陆军上尉尼古拉斯·约瑟夫·库格诺发明了世界上第一辆自动推进式机械车辆，即蒸汽运输车。这是一辆由前轮支撑锅炉和驱动机的三轮车。这辆运输车是为军队建造的，但速度缓慢、不稳定且难以控制。在1771年的一次试驾中，它失控撞毁了一堵墙，这是历史上首次汽车事故。

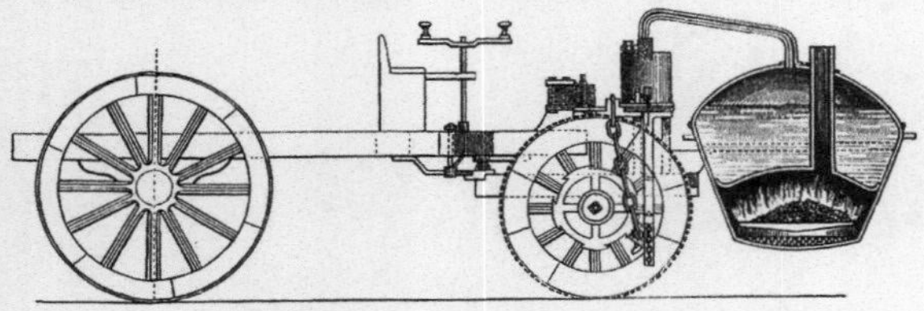

第一辆汽车

另一个德国人，卡尔·本茨，一直梦想发明一辆不用马拉的实用汽车。他在1873年设计出汽油动力双冲程活塞发动机后，一直专注于研发制造机动车。本茨同时还是一名引擎设计师和制造商。在1885年，本茨完成了奔驰专利机动车，一辆时速最高可达16km的三轮摩托车。

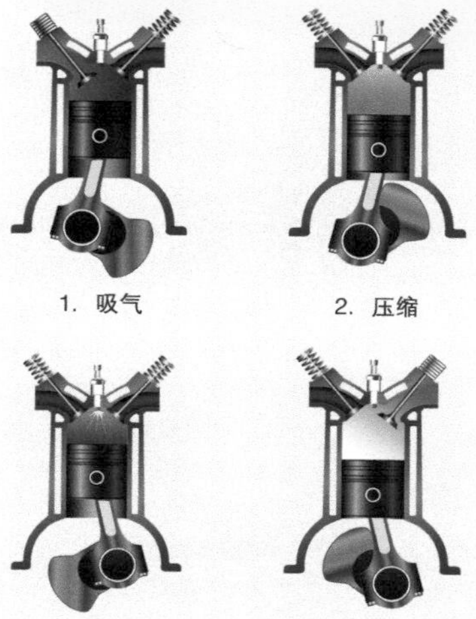

四冲程发动机

1. 活塞在气缸内向下运动，将空气与燃料混合物吸入所产生的真空中。

2. 旋转曲轴再次向上推动活塞时，将空气燃料混合压缩起来。

3. 震颤火花线圈或火花塞，将燃料点燃。爆炸将活塞向下推，使曲轴转动。

4. 活塞被向上推，将废气从气缸中排出。

次年，奔驰专利汽车成为了第一辆投入生产的内燃机汽车。卡尔•本茨在市场营销方面并不像他在发明上做得那么好，也不擅长推广他的发明和填写订单。1888年8月，他的妻子伯莎进行了一次公路旅行。有天她和她的两个十几岁的儿子一起出发，驾车106km，从曼海姆到普弗兹海姆去看望她的母亲。途中，她不得不在一家药店加油，男孩们不得不把车推上陡峭的山坡，但宣传工作奏效了，卡尔很快就接到了订单。1899年，他的曼海姆工厂共生产了572辆汽车，成为了世界上最大的汽车制造商。

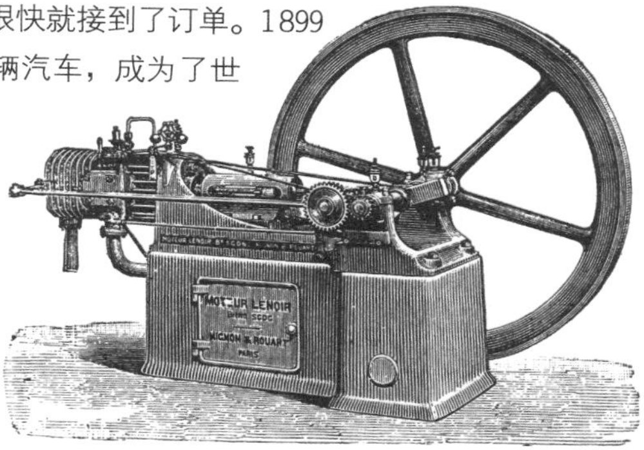
勒努瓦的二冲程发动机。

大规模生产

如果德国工程师以发明为先导，那么美国人就是开创了大规模生产技术。亨利•福特为了降低制造成本和市场价格，引入了生产线和快速装配式技术。到20世纪20年代中期，他的T型车以每三分钟一辆的速度在生产线上被生产出来，其中1500万辆是在1908年至1927年间组装的。20世纪中后期，由于人们对不可再生的化石能源的重视，汽车的动力、发动机效率、转向、舒适性都有了大幅度提升。这说明人们正在向更高效的电动汽车和以生物燃料驱动的电动汽车转变。

底特律福特工厂的T型汽车底盘，即将被组装完成。

53 涡轮机

1894年，查尔斯·帕森斯的透平尼亚号在英格兰北部下水，这是一艘30m的涡轮蒸汽轮船。这种新的发动机彻底改变了海上运输和发电。

帕森斯把他的船称为“北海灰狗”，在试验中，这艘船以前所未有的63km时速在水中疾驶。三年后，透平尼亚号戏剧性地出现在皇家海军为维多利亚女王的钻石婚庆典在斯皮德海德举行的军舰检阅场上。透平尼亚号似乎不请自来地出现在了数千名惊愕的旁观者面前。它在两队海军舰只之间疾驰，在威尔士亲王和来自世界各地的贵宾面前吞云吐雾，并轻易地超过了派来拦截它的海军船只。

透平尼亚号在1897年进行了改进，将节流阀打开后，行驶速度明显提升。

帕森斯以事实证明了他的船是世界上最快的船。成功的秘诀是它的三个螺旋桨般的涡轮机，在高压蒸汽流下推动旋转。每个涡轮机装有三个轴，每个轴分别驱动三个螺旋桨，共有九个螺旋桨。

动力源

帕森斯用了10年的时间完善了汽轮机对蒸汽的控制，以最大限度地利用系统的动力。他的发明被用来驱动发电机以产生廉价的电力。接下来的几年，帕森斯开发了一种蒸汽涡轮机，这种涡轮机可以通过直接驱动螺旋桨来改变船舶的推进力。透平尼亚号戏剧性地出现在世界舞台后的几年里，英国皇家海军委托帕森斯的透平尼亚工程公司建造了两艘涡轮动力驱逐舰。第一艘以涡轮机为动力的商船TS爱德华国王号于1901年下水。四年后，英国要求所有的皇家海军舰艇采用涡轮机作为动力。这些强大的战舰，或者说无畏舰，在第一次世界大战中发挥了重要作用。

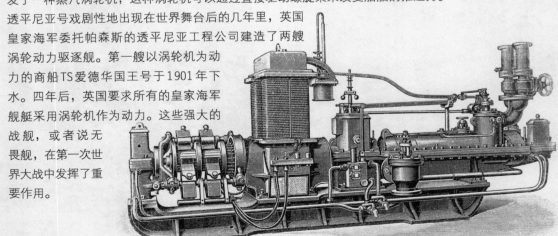

在旋转部件上方放置一个大型磁体，用来使蒸汽涡轮机发电。

54 无线电通信

手机、卫星通信、微波炉和电视广播都是利用电磁辐射或无线电波原理来工作的。海因里希·赫兹证明了电磁波的存在，而古列尔莫·马可尼首次将这些电波投入实践。

年轻的马可尼想利用他们所知的“赫兹波”来改善通信。在家中管家的帮助下，1895年，他在意大利父母的家中发明了“无线电报”。这是第一台收音机，它可以在大约1.6km的距离发送莫尔斯电码信号。为了改进这个系统，他需要资金的支持，于是马可尼带着英国邮政局的拨款搬到了伦敦。

1897年，马可尼在英国成立了一家无线电报公司。他在怀特岛上建立了一个无线电站，维多利亚女王可以从这里给她在皇家游艇上的儿子发信息。马可尼还发送了第一个横跨英吉利海峡的无线电信息。他的发射器利用连续不断的高压火花产生无线电波，并由天线发射出去。接收器的天线检测到了这些信号并将其转换成了声音。

尽管马可尼成功了，但其他工程师告诉他，无线电信号传播距离有一定的限制。他们认为，由于波的传播途径是直线而并非跟随地球的曲率，因此最终会消失在太空中。要使他的发明真正投入实践，马可尼必须证明他们是错误的。1901年12月12日，马可尼收到了一条简单的消息——莫尔斯电码中的“S”，这条信息从英格兰的康沃尔发送到加拿大的纽芬兰，全长超过3220km。无线电波从电离层（大气层中的带电层）反射到它的目的地。这一成就给马可尼带来了持久的赞誉。然而，传输声音而不仅是莫尔斯电码的技术是由加拿大人雷金纳德·费森登发明的。在1906年的平安夜，他用高频发电机式发射机代替了马可尼的电火花间歇式发射机，在马萨诸塞州，布兰特·洛克播放了第一个广播节目，其中包括了亨德尔的《拉戈》录音和《圣经》中一段的朗读。

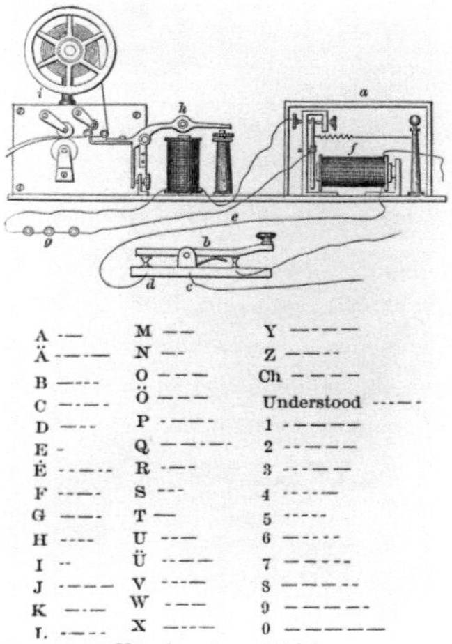

Morse Apparatus and Alphabet.

电报

电信号由发送器通过导线传送，再由接收器转换成声音。莫尔斯设计了一种敲击的语言——莫尔斯电码来传达信息。1844年，他从华盛顿特区给巴尔的摩发送了一条信息。到1866年，铺设起了一条横跨大西洋连接美国和欧洲的电报线。

马可尼与他的早期无线电设备合影。

55 1900 - 1950s

飞行者一号

人们已经能够在热气球、滑翔机和飞艇上飞行很多年了，但从未驾驶过比空气重的动力飞行器。直到1903年，莱特兄弟才在美国北卡罗来纳州基蒂霍克市推出了他们的飞行器。

飞行者一号是一架双翼飞机，有一个木制的框架、棉制翼罩和一个简单的汽油发动机。通过链传动（基本上是自行车技术）为它的双螺旋桨提供动力。飞行员通过固定在臀部的支架来控制飞行，调整尾翼并用来转舵。

19世纪90年代，威尔伯和奥维尔·莱特兄弟在俄亥俄州的代顿开了一家商店，出售并维修最新流行的“安全自行车”。1896年，他们甚至开始自己制造自行车。在修理自行车、马达和其他机器时磨练了自己的机械技能。对飞行的迷恋使他们从1900年开始尝试滑翔机。在驾驶动力飞机之前，他们想解决控制无动力飞机的问题。所以他们建造了自己的风洞收集数据，以提高机翼的效率，并测试了200种不同的机翼设计。莱特兄弟的重大技术突破是发明了三轴控制——俯仰、滚转和转向，使飞行员能够驾驶并保持飞机飞行。

在威尔伯试飞失败后的第四天，莱特兄弟的“飞行者一号”在1903年12月17日进行了四次动力飞行。奥维尔和威尔伯轮流趴在机翼上驾驶飞机。奥维尔先率先在空中飞行了12秒，在这期间共飞行了36.5m。而在当天的最后一次飞行中，威尔伯的成绩令人刮目相看：在59秒中飞行了259.7m。

在当天最后一次飞行之后，一阵风吹翻了飞机，它再也飞不起来了。但这并没有阻止两兄弟的热情，他们又建造了两架不同版本的飞机。1905年，威尔伯驾驶着飞行者三号，在38.6km长的赛道上展现出他们已经完全掌握了控制飞行的技术，并在空中飞行了39分钟。

“风神号”飞机

1890年10月，法国工程师克雷芒·阿德尔驾驶一架他称为“风神”的飞机在法国布里飞行了50m。“风神”用一种非常轻的酒精蒸汽机驱动螺旋桨，而阿德尔自己驾驶着这种有蝙蝠翼的飞行器。它的飞行高度高出地面20.3cm，但可以被认为是第一次使用比空气重的飞行器进行的载人飞行。阿德尔后来声称他驾驶它飞行了100m，但未得到证实。

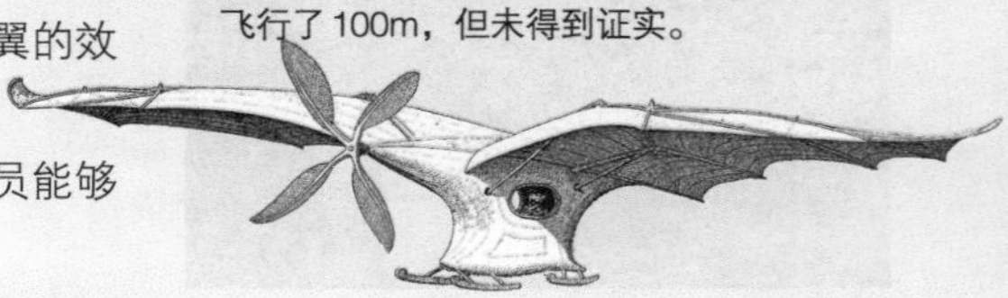

在首次飞行的多年以后，航空专家们发现，飞行者一号是如此的不稳定，以至于除了威尔伯和奥维尔外没有人能够控制它。

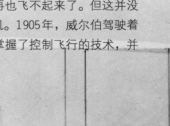

56 巴拿马运河

巴拿马运河工程的最后几部分包括巨大的阶梯船闸，将货船提升至海平面以上，以便通过巴拿马地峡，在大西洋和太平洋之间进行短途航行。

1913年，伍德罗·威尔逊总统在华盛顿特区远程引爆了在巴拿马的一枚炸弹。爆炸在堤坝上炸出了一个洞，贯通了巴拿马运河，将大西洋和太平洋连在一起。

巴拿马运河有着非常重要的意义。船只不再需要绕过合恩角，就可以在美国东西海岸之间航行。这条77km的运河横跨巴拿马地峡，将旧金山和纽约之间的航程缩短了12 553km。虽然运河很短，但它的建设充满了挑战。1882年，法国斐迪南·德·雷赛布，试图穿过地峡，在海平面以下开挖出一条苏伊士运河，将地中海和印度洋连接在一起。这是一个艰巨的任务。他共雇用4万多名工人，但热带疾病导致了2.2万人死亡，造成了巨大的损失后，建筑公司破产了。

适合进入运河船闸的船舶被指定为巴拿马型船舶。船舶由被称为骡子的电力机车拖进了船闸，沿着河岸在铁轨上行驶。

1903年，哥伦比亚（当时巴拿马属于哥伦比亚）与美国签署了一项协议，将建立起一条重要的贸易路线。总工程师是美国陆军少校乔治·戈瑟尔斯。超过6000名工人在山坡上开凿了13km，穿过了阻碍运河道路的山丘，每个月运走300万t的岩石和泥土。水坝在低地形成了两个大的人工湖，以减少所需的开挖工作量。在运河的一端，三座船闸将船从海平面提升到12.2m的高度，在另一端又有三座船闸把它们放了下来。1914年1月，第一艘船在两个大洋之间通航，当时每年约有1000艘船驶过巴拿马运河。今天，这个数字大约是每年14 700艘船。

57 坦克

一直以来，人们就想制造出一个集火力、机动性和保护为一体的武器。这个想法真正实现是在1916年，当49辆被称为“陆上战舰”的英国战车出击进攻了德军防线时。

马克Ⅰ型坦克配备的八人小组由钢制厚装甲保护，使用两挺重机枪和四挺轻机枪进行战斗。

1915年2月，英国海军大臣温斯顿·丘吉尔创建了“陆上战舰委员会”，研究如何打破第一次世界大战的僵局。1916年初，世界上第一辆坦克的原型“母亲”被制造出来，同年9月，使用了新型汽油燃料的马克Ⅰ型坦克首次被投入战争。马克Ⅰ型坦克的特点是：具有可以穿越泥泞地面和战壕的全包裹式履带，这是坦克在最困难的地面条件下成功的关键。法国、德国和美国都在战争结束前引进了装甲车。90年过去了，坦克发生了很大的变化，但基本原则依然存在。

58 高速公路

“高速公路”最初是由城市规划者爱德华·巴塞特在1930年提出的。他提出要修建一条交通不受阻碍的公路，没有交通信号、行人或十字路口。

受到出入管制的公路，避免了其他交通工具的干扰，从而提高了交通速度和安全性。布朗克斯河公园路开通于1924年，是北美的第一条设有中间隔离带的道路，来往车辆分别在隔离带两侧，以相反方向行驶。德国在20世纪30年代建立了高速公路网络，从20世纪50年代开始，世界上的其他地区也修建了高速公路。其他道路以立交桥或地下通道的方式跨过高速公路。最繁忙的高速公路之一是加拿大多伦多的401号公路。它共有18条车道，每天约有42万辆车在公路上行驶，繁忙的时候还可能更多。中国目前拥有123 920km的高速公路，比其他任何国家的里程都要长。

精心设计的立交桥可以使交通顺畅，通行不受干扰。

59 电视

电视的发明并不是一个人的贡献，但最大的贡献是来自于苏格兰的年轻发明家约翰·洛吉·贝尔德。他于1925年10月2日在他伦敦实验室里首次传送出了黑白图像。

这张照片是他表演口技的木偶“斯多基比尔”。贝尔德想看看人脸在电视上是什么样子，于是从楼下的办公室找来了一位20岁的工人，爱德华·台英顿。他成为了首位在电视上以全色调范围显示出的人像。图像还有很多需要改进的地方：因为每秒仅播放5张图片，画面的运动看起来很不稳定，而且屏幕上只有30个垂直线条，这导致脸部轮廓并不清晰。但这就是早期的电视。

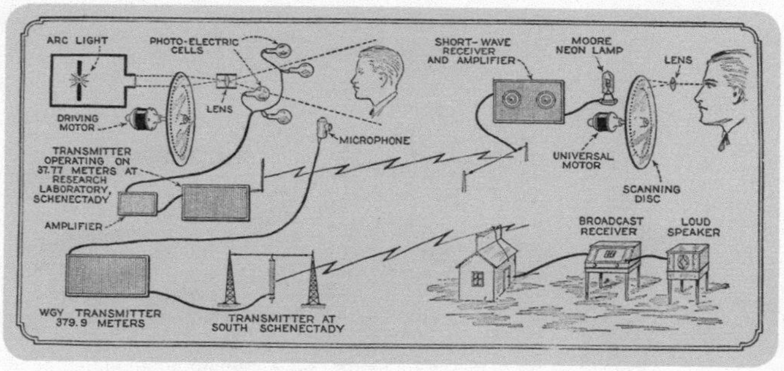

美国科技杂志《广播新闻》1928年版上的一张图表，解释了早期电视和广播是如何结合在一起的。

逐步发展

贝尔德的成功是建立在之前几位科学家的成果之上的。其中，德国科学家保尔·尼普可夫发明了一种被称为“尼普可夫圆盘”的光电机械扫描装置，图像穿过圆盘上的小孔被照射到感光硅元件上。1896年，法国物理学家亨利·贝克勒尔证实了光可以转变为电；第二年，德国人费迪南·布劳恩改造了阴极射线管，使其能够产生图像。后来这种阴极射线管成为了电视屏幕的主流。布劳恩利用真空管中的磁力使电子束（或阴极射线）发生偏转，在屏幕上产生荧光图像。

与贝尔德同一时期，美国、德国、苏联和日本的许多工程师都在竞相制造电视机。贝尔德把像尼普可夫圆盘与真空管放大器和光电池结合起来，最终获得了成功。这套机械系统一直沿用到20世纪30年代中期，被日益发展的电子扫描技术所取代。第一台彩色电视节目——“埃德·沙利文秀”于1951年播出。下一次重大变革发生于1990年，数字电视的出现可以使信号的传输变得十分高效，为更多频道的出现提供了可能。

到1935年，电视可以显示数百条水平线、每秒播放30帧图像，从而大大提高了图像质量。所有电视节目均为现场直播。

60 水力发电

电力可以由水流冲击的力量产生。世界上第一个水力发电装置产生的电能只能供一个电灯使用，但如今，水利能源已为全世界提供了16%以上的电力供应。

自古以来，人们就学会利用流水做功所产生的水力，如利用水力推动机器研磨面粉。但直到19世纪末，人们才实现了将水力转化为电力。威廉·阿姆斯特朗在英国的克拉赛德建造了世界上第一座水电站（HEP），当时它的电力仅能为一个弧光灯供电。19世纪80年代至90年代间，北美地区得到了迅速的发展，托马斯·爱迪生使用威斯康星州福克斯河的一座水车发电，为他的火神街工厂提供电力。

胡佛大坝从1936年开始利用科罗拉多河的水力发电。

三峡

位于中国长江上的三峡电站是世界上最大的发电站。它的能量来自三峡181m高的巨大水库。水库在蓄满水时有660km长，水从110m高的地方下落，能够推动32台巨型涡轮机产生22 500MW的水电。1994年，这座由土方、钢筋、混凝土构成的三峡大坝开始建造，到2012年全面投入使用。

水位差的利用

水的发电能力大小取决于水的流量及其下落高度。工程师们发现：可以通过加筑大坝将河水截流，产生更大的水位差，从而提升它的发电能力。这促使了胡佛大坝的建造，这座大坝以美国总统胡佛的名字命名，并由下任总统富兰克林·D·罗斯福监督建造完成。这座建成于1936年的水坝，是一座221m高的拱门式混凝土大坝。它横跨内华达和亚利桑那州之间由科罗拉多河所形成的峡谷。它使用的混凝土足够在旧金山和纽约之间铺就一条双车道公路。大坝上游花了六年的时间才围填完成，形成了米德湖，这是美国所有水库中体积最大的一个。水流经过水闸，以每小时137km的速度从180m高的地方下落，驱动涡轮机产生1345MW的电力。

同样遵循着利用水位差的原则，全球范围内建成了许多更大规模的水电站。1984年，在巴西和巴拉圭之间的巴拉那河上建起了一座伊泰普水电站，其发电量是胡佛水电站的10倍。20年后，规模更大的三峡工程开始投入运行（见上图）。如今，世界上已经有150个国家建造起了水力发电站。其中在挪威、刚果（金）、巴西和巴拉圭，这种形式的可再生能源提供了国家85%以上的能源需求。目前，世界上规模前五的发电站都是水力发电站。

抽水蓄能电站

在抽水蓄能电站中，水从较高的水库流向另一个较低的水库，在冲下的过程中通过涡轮机来发电。在电力需求低的时候，再利用其他电力，把水再次抽到更高的水库。总的来说，该系统所使用的能源要高于它生产的能源，但它却是用电高峰期可以维持稳定供应的一种有效方式。

潮汐发电

水力发电的另一种形式是潮汐发电，流动的海水推动水下涡轮机产生电能。潮汐能的产生是可预测的，因为我们可以计算潮汐运动。第一个潮汐发电站位于法国的兰斯，最大的潮汐发电站位于韩国的西化湖。在西化湖发电站中，潮水驱动着10个25mw的水轮机进行发电。这种可再生能源的利用尚处于初级阶段，但潜力巨大。

61 飞艇

飞艇是一种比空气轻的飞行器，能够靠自身的动力飞行。曾经，飞艇是一种相对快捷的洲际运输工具，但1937年5月的兴登堡灾难，突然终结了这个时代。

美国飞艇梅肯号在1933年飞越了纽约。这艘美国海军飞艇是一艘会飞的航空母舰。它搭载有4架空鹰号战斗机，它们可以在半空中释放，再通过“空中吊钩”与母舰重新连接，拉回舱内。梅肯号和它的姊妹飞船阿克伦号都在20世纪30年代中期坠毁。阿克隆号的灾难造成了73人死亡，并导致美国飞艇计划的终止。

自1783年11月孟格菲兄弟的热气球在巴黎升空以来，人们就实现了在空中飞行的愿望。但热气球面临的主要问题是：它们会随风飘浮，而且除了高度以外，它们是无法控制的。事实证明，驱动和驾驶飞行器的方法都有一定问题。飞艇时代始于1852年，当时的法国发明家亨利•吉法德驾驶着他的“飞艇”从巴黎飞行了27.3km，到郊区的艾龙库，飞艇里面装满了比空气还轻的氢气。飞艇是由蒸汽发动机转动螺旋桨驱动的。20年后，德国工程师保罗•亨莱因设计了一种新型硬式飞艇，它的外层是将内衬涂橡胶密封而成的。这艘飞艇是以煤气为燃料的内燃机驱动的。

刚性结构

19世纪80年代，飞艇发生了更多的变化，其中1883年法国人加斯东•蒂桑迪尔乘电动飞艇飞行，1884年法国陆军飞艇“法兰西号”实现了首次完全可控飞行，驾驶员是查尔斯•勒纳德和阿瑟•克雷布斯。还有一艘飞艇首次在起飞的原地降落。法兰西号长52m，由一个8.5hp（1hp=745.7kW）的电动马达驱动。飞艇内部的氢气压力和沿长度方向的一条刚性龙骨共同维持着飞艇外壳的形状。这类飞艇被称为半刚性飞艇。一位名叫大卫•施瓦茨的奥地利工程师建造了第一艘硬式飞艇，其外壳由内部框架支撑，使飞艇更加坚固但也更重。这艘飞艇在1897年11月首飞时坠毁。但德国的齐柏林伯爵使用施瓦茨的创意，制造出了有史以来最成功的飞艇。

兴登堡灾难

1937年5月，装满氢气的大型客用飞艇兴登堡号，在美国新泽西州航空总站上空准备着陆时起火。机上共有97人，其中13名乘客和22名机组人员丧生，飞艇被完全烧毁。整个悲惨事件在电台现场直播中播出，标志着客运飞艇时代的结束。这一悲剧的起因至今仍没有定论。

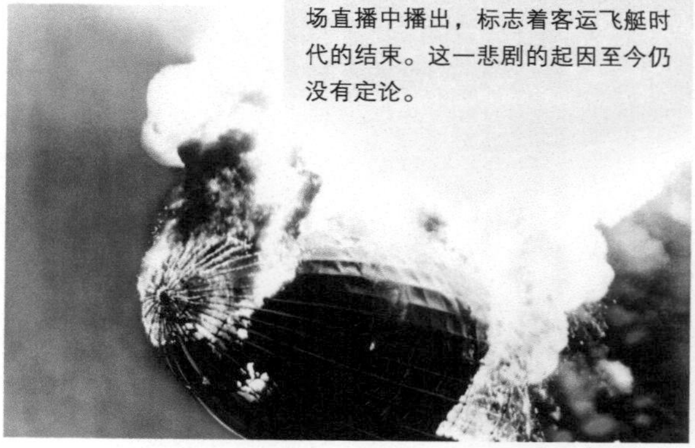

混合动力飞行器

“天空登陆者10号”的体积有36 812m^3，是世界上最大的飞机。它充满了比空气轻的氦气，提供了升空时60%的升力，其余40%的升力来自于4台350马力的柴油发动机，它们可以驱动飞机以每小时148km的速度向前飞行。它可以在高空中停留5天，提供10t的载重量。

航空巡航

“齐柏林飞艇”的骨架由三角形支架和织物组成，外层包裹着一层表皮。发动机、机组人员以及后来加入的乘客们都被安置在船体下的吊舱里。第一次世界大战后，这些充满氢气的飞船被制造成了空中的巡洋舰。其中一艘格拉夫飞艇在1928至1937年间共进行了590次飞行，飞行里程超过160万km。

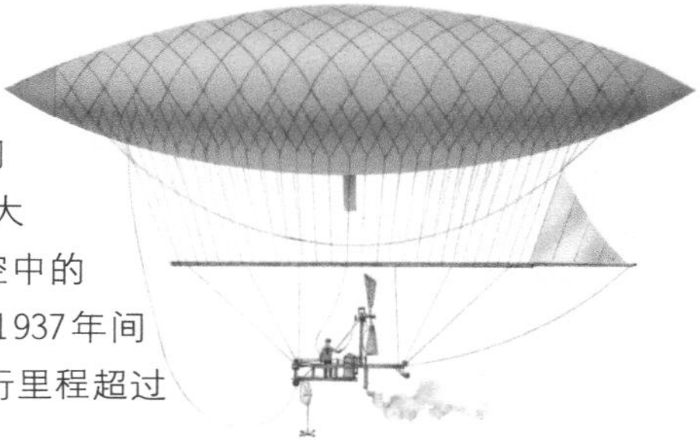

1852年，亨利·吉法德制造出的“雪茄飞艇”。

1929年，格拉夫飞艇进行了第一次对地球的空中环绕飞行，这项任务在21天内完成。从1932年开始，这艘格拉夫·齐柏林飞艇开始了为期五年的定期服役，在德国和巴西之间运送乘客、邮件和货物，行程为68小时。

另一艘齐柏林飞艇——兴登堡号，从1936年开始在欧洲和北美之间定期服役。在第一季成功后的1937年，兴登堡号在一场事故中不幸燃烧并坠毁了。人们由此意识到可燃氢的危险性，并迅速地终结了硬式飞艇时代。从20世纪50年代开始，更快更大的有翼飞机取代飞艇，成为了空运乘客和货物的工具。现在，大多数飞艇都是充满氦气的软式飞艇，用于拍摄和侦察。

飞艇需要巨大的吊架来容纳它们的维修。

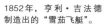

62 雷达

雷达听起来很简单。无线电波以光速从发射器上发射，并从物体（大部分是金属的）上反弹回来，最后由接收器拾取并给出物体的位置。

科学家们花费了数十年的时间实验，得到了能够实际应用的准确雷达。在1903年，德国发明家侯斯美尔发明了一种能在大雾条件下探测船只，从而防止碰撞的“电动镜”。雷达的意思是无线电探测和测距，虽然雷达一词直到1940才开始使用，但侯斯美尔的发明已经是一种原始雷达。但它有一个大问题：它只能探测物体的方向，而不能探测距离。雷达所需的测距功能，首先需要几项技术突破。第一项技术突破是示波器，它可以根据反射波的强度计算出物体的大致方向。由专用的接收器接收无线电波以后，再由第二项发明“回声”定位出物体的位置和距离。在二战前的几年里，许多国家都在秘密地调制雷达。1940年，英国科学家约翰·兰德尔和哈利·布特发明了腔磁控管，可以发射更短波长的电波或微波。它与以前的系统相比有两大优势，它能探测到较小的物体，并用较小的天线进行操作，使它可以安装在飞机的前端。

微波炉

美国工程师珀莱在研究短波辐射（或微波）时，意外地熔化了他装在口袋里的糖果。在接下来的1946年中，他发明了世界上第一台微波炉。特定波长的微波可以使食物中的某些分子运动并产生热量，这一特点被用来加热食物。1967年世界上第一台可以放进厨房的小体积微波炉面世。

在二战中，雷达起到了至关重要的作用，在敌军还在很远时，就可以在雷达上侦测到敌军的逼近。该雷达阵列被用来引导防空火力。

63 火箭引擎

在1000多年以前火药发明后不久，人们就发明了火箭。从那时起，人们就开始想象火箭的动力将如何带人到达太空，但这在经历了一场战争后才得以实现。

戈达德

美国物理学家罗伯特·戈达德在一战中研究了固体燃料火箭后，将注意力转向了液体燃料推进器，因为液体燃料的密度比气体大，所需的燃料罐体积较小。1926年3月16日，他用液态氧和汽油推进剂在马萨诸塞州的一处试验场上发射了一枚“尼尔”火箭。它的飞行距离并不长，只有56m，但它仍获得了成功，成为了有史以来第一枚成功发射的液体燃料火箭。

第一枚可以在飞行中控制和引导的远程火箭是沃纳·布劳恩发明的V-2火箭。它是纳粹德国在二战中发明的武器，将其作为超音速炸弹发射到北美，成功的秘诀是它的液态燃料动力引擎。V-2火箭发动机使用乙醇和水作为混合燃料，并将液态氧作为氧化剂。这使V-2可以在任何地方工作，甚至在真空中，因为它的燃烧不需要额外的空气。这些液体被注入燃烧室，并在2688℃的温度下被点燃。燃烧的气体在火箭底座的喷嘴处爆炸，根据牛顿第三运动定律：每个作用力都会产生一个大小相等而方向相反的反作用力。火箭排出的高速气体产生向下的推力。它产生的反作用力将火箭以同样的速度向上推进。

到达太空

1942年10月，V-2火箭进行了第一次成功试飞，被送上了海拔83.7km高的天空。第二年，这些火箭被用来攻击英国，它们的射程在322km左右，并携带有爆炸性弹头，造成了很大伤亡。在1944年，V-2成为第一个穿越大气层的人造物体，飞到了100km的高空。后来发射的V-2s更是达到了206km。

如今，火箭主要用于军事目的或大气研究和天气预报,而它们对于太空旅行也有着不可或缺的重要意义。沃纳·布劳恩在战后移居美国，研制出了土星V号三级推进型火箭，它在1969年将人类带上月球。这枚110m高的火箭至今仍是世界上最强大的(也是最吵的)飞行机器。

1944年，从波罗的海海岸纳粹基地发射出的一枚V-2火箭。

64 直升机

1944年4月，英国皇家空军的一架西科斯基R-4直升机被派往缅甸一个偏远地区，去营救飞机失事的幸存者。这次任务的成功，使直升机的优势被广为人知。

19世纪时，许多模型直升机都能够飞行，但并不足以带人飞行。在20世纪20年代，人们开始使用旋翼飞机。这些飞机用无动力的旋翼代替了固定翼。螺旋桨发动机推动飞机前进，旋翼被气流推动，产生升力。1936年生产的福克乌尔夫Fw 61是世界上第一架真正的直升机，与普通的旋翼机相比，多了两组由发动机驱动的螺旋桨。三年后，美籍俄罗斯发明家西科斯基的VS-300在美国进行试飞。它有一个直径8.5m、叶片速度高达483km/h的三桨旋翼，还有一个单独的垂直尾桨。这种设计成为未来直升机制造的基础。

伊戈尔·西科斯基在一架盘旋的R-4直升机上摆姿势。

在两年内，西科斯基的R-4两座直升机成为世界上第一个大规模生产的直升机。它在试飞时从康涅狄格州到俄亥俄州不间断地飞行了1225km，时速达到了145km，到达了海拔3658m的高空。直升机的设计在后来的S-51中进行了更多的改进。1946年，西科斯基在康涅狄格州的直升机场组织了一场著名的点对点竞赛。他的S-51直升机与一架飞机、一辆快车和一列火车在80.5km的距离内竞速，最终S-51获胜。

现代直升机可以垂直降落和起飞、盘旋、向前和向后飞行，并在拥挤的空域中飞行。旋翼可以产生升力，当向前倾斜时，推力也会增加。它可以通过改变单个转子的倾斜度来实现转向，它们的合力驱动飞机飞往新的方向。直升机的多种性能使它能够到达其他交通工具到达不了的地区。

如今的奇努克CH-47F直升机的飞行速度可达322km/h，而俄罗斯的米-26可以运载20多吨的货物或100名乘客。

65 喷气动力

20世纪30年代，工程界两位伟大的先驱——英国的弗朗克·惠特尔和德国的汉斯·冯·奥海恩发明了能够为飞机提供动力的喷气发动机。他们的发动机都在1944年7月开始应用于战斗机。

在二战的最后几个月中推出的梅塞施密特Me-262战斗机，是世界上首批大规模生产的喷气式飞机。

1930年，英国航空工程师弗兰克·惠特尔为涡轮式喷气发动机的构想申请了专利，尽管其他的航空专家告诉他，这并不实际。几年后，惠特尔创立了一家名为Power Jets Ltd.的公司来研发他的发动机。英国航空部看似很热情，但实际提供的财政支持很少，发动机的研制也相当缓慢。

惠特尔不知道的是，德国的汉斯·冯·奥海恩也正在试验着一种类似的发动机，并且得到了更多的政府支持。这两个人的第一台喷气式发动机，惠特尔的power jet wu和奥恩的亨克尔HeS1，都在1937年4月成功运行。然而，奥恩1939年研发出的亨克尔He-178发动机是第一台能够真正驱动飞机的引擎。两年后，惠特尔的发动机为格洛斯特公司的E28/39喷气式飞机提供了动力。直到那时，英国和德国之间的竞赛仍不分上下，1944年7月，两国的喷气式战斗机几乎同时投入使用。

压缩空气并燃烧

喷气发动机是二战后为乘客和货物使用而研制的。现代喷气发动机的功率增加了，但仍然遵循同样的原理。风扇将空气吸入发动机前部，并通过压缩机为空气增压。然后将压缩空气喷入燃料进行混合，并用火花点燃。燃烧的高压气体急速膨胀，从发动机后部的喷嘴里喷出。气流向后喷射，将发动机和飞机向前推进。

喷气雪橇

1910年，俄罗斯大公西里尔·弗拉基米洛维奇请罗马尼亚发明家亨利·库达为他造了一辆两座的摩托雪橇。库达使用“涡轮驱动机”为雪橇提供动力，活塞发动机驱动多缸鼓风机，将气体喷出导管，推动雪橇前进。库达后来称其为喷气式发动机的前身，但没有证据表明气流中存在燃烧现象，也没有证据表明雪橇真正行驶过，尽管它对外宣称的速度是161km/h。同年，他发明了库达-1910型飞机，这种飞机由他设计了喷气机驱动。飞机在跑道上起火后，再也没有起飞。尽管如此，库达仍继续设计并建造了许多成功的螺旋桨飞行器。

66 电子计算机

电子计算机由多个由1和0组成的代码作为指令来控制其内部电路，以便能够对数据进行操作。第一台数字计算机是为了进行复杂的数学运算而制造的，但正如我们所见，它们可以胜任更多的工作。

1和0可以将数字输入到电子计算机的运算中。电子计算机的硬件是一个错综复杂的开关网络。计算机的程序（或软件）控制这些开关的开启和关闭，这些指令确保计算机将输入转换成所需的输出。这个过程可以像计算输入数字后能输出总和一样简单，或是像输入代码并将其转换成电视节目或者视频游戏那样复杂。

20世纪初的计算机是机电一体化的：机械开关使用电力进行物理上的开合。1938年，美国海军建造了一台小到可以装在潜艇上的计算机，用来计算如何发射鱼雷可以击

图灵

英国数学家艾伦·图灵在1936年提出了他的“通用机器”理论，这个装置可以解决所有的问题，彻底地改变了计算机理论。图灵在二战中发挥了重要的作用，他破译了德国的军用密码，这可能缩短了欧洲战争的时长。战后，他在曼彻斯特为世界上第一台存储式计算机开发软件，实践了他的早期理论。1952年，他被判定有同性恋行为，这在当时的英国是一项罪名，这项判决使他失去了工作。1954年，图灵吃了毒苹果而身亡，而人们普遍认为他死于自杀。

ENIAC计算机长15.2m，宽9m，对它重新编程非常困难。如果需要设计新的程序，首先要画好图纸，然后再花几天时间重新连接ENIAC的开关或继电器。所以这个计算机是否可编程呢？答案是肯定的，但这并不容易。

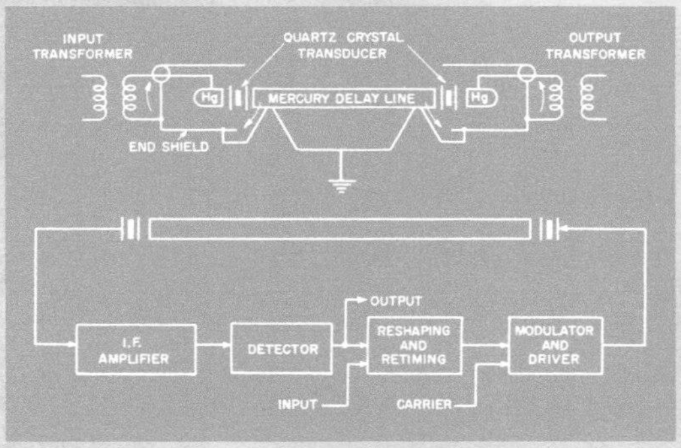

水银存储器

在早期的计算机中，数据被“记忆”在一种称为水银延迟线的精妙系统中，这个系统是J.普雷斯珀·埃克特在20世纪40年代发明的。数据的电脉冲被转换为声波，并通过水银长管发送（这会使信号变慢）。声波通过石英转换器，在另一端被再转换为电脉冲，然后再沿水银返回另一端。数据可以在水银柱内来回反弹直到计算机将其检索出为止。一根延迟线可以保存576比特，或32个字母的代码。

中移动目标。这个计算机的电路是焊接固定的，这意味着它只能完成制造时指定的唯一工作。下个阶段，在1941年时，德国人康拉德・楚泽制造了机电计算机Z3，它可以通过编程来完成任何数学任务。

电子化

在这个时候，工程师们已经在试验使用真空管（电子管）作为开关。这些电子开关上没有机械部件；阀门根据通电的方式选择打开或关闭电路。电子设备比机电设备更为高效。1946年，第一台数字化可编程的电子计算机问世了：ENIAC（电子数字积分计算机），美国出版社戏称其为“巨脑”。一旦编程配置后，ENIAC每秒可以执行多达385个乘法，40个除法，或三个平方根操作。ENIAC有条件分支：它可以根据数值改变指令的执行顺序，例如，“如果Y大于10，那么转到第26行。”

继ENIAC之后，它的设计者埃克特和莫利奇又研制了一台功能更强大的计算机EDVAC，并首次使用二进制（1和0）而不是十进制系统（0到9）。在紧随其后的1951年，最早的商用计算机之一UNIVAC1诞生了。它只生产了46台，每台成本100万美元。第二代数字计算机出现于20世纪50年代末，用硅制成的晶体管取代了真空管。再之后出现了集成电路，它由许多元件连接在一个硅晶片或“微芯片”上组成，晶体管的出现带来了20世纪60年代末70年代初，第三代数字计算机的发展。

随着集成电路变得越来越复杂，计算机的体积变得更小，性能却更加强悍。如今的掌上电脑比ENIAC快几十亿倍。

电子管或称为真空管，是由灯泡技术发展而来的产品。它们很容易烧坏，电脑就没用了。

67 核能

铀-235同位素的原子裂变时会释放出核能并形成链式反应。在世界各地的发电厂，这些反应被用来产热，将水变成蒸汽，驱动涡轮发电。

三位一体核试

“三位一体核试”是人类史上首次核试验的代号，这场核试验于1945年7月16日在新墨西哥州的索科罗附近进行。这枚核弹的昵称是“小工具”，据了解，该炸弹的核心是由6.2kg的钚以及常规炸药组成。它爆炸的能量相当于20 000tTNT，产生的巨大热量足以使沙漠中的沙子熔化为浅绿色的玻璃。一个月之内，两枚类似的炸弹被投向了日本，造成至少15万人死亡，迫使日本人投降并结束了二战。幸运的是，自那以后，再也没有国家因愤怒而使用核武器。

我们了解核能的历史很短。亨利·贝克勒尔在1896年首次描述了铀是如何释放出神秘射线的，几年后，法国著名波兰裔科学家玛丽·居里将这种现象命名为“放射性”。20世纪30年代是伟大原子被发现的十年。1935年，美籍加拿大人阿瑟·登普斯特发现了稀有的铀-235同位素，这是自然界中唯一存在的可裂变的同位素，这意味着当它被中子击中时，会分裂成两个较小的原子。原子分裂会释放出更多的中子，而中子又会分裂更多的原子，因此铀-235会迅速膨胀产生链式反应。这种反应产生了大量的能量，是发展原子弹和核电的基础。

控制裂变

就在1938年圣诞节前，德国化学家奥托·哈恩和弗里茨·斯特拉斯曼取得了巨大的突破，他首次成功利用中子分裂了铀原子。1942年12月 在大西洋的另一边，芝加哥大学的意大利人恩里科·费米展示了第一次核连锁反应。他的芝加哥1号反应堆（CP-1）以5.4t的铀金属和45t的铀氧化物作为燃料，周围环绕着石墨块。

这些石墨块的作用是使中子减慢到适当的能量水平使铀分裂。CP-1产生的能量并不多，大概仅够照明一个灯泡，

第一个工业规模的核电站建造于英格兰北部的卡尔德豪尔。在1956年至2003年期间，共有四个核反应堆在此发电，使这里成为世界上工作时间最长的核反应堆。

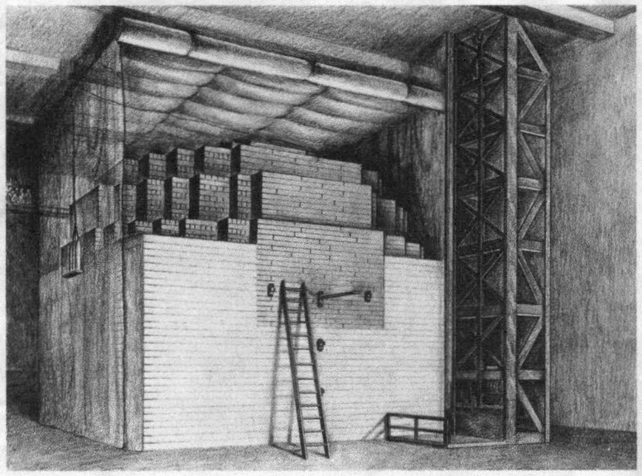

芝加哥1号堆是曼哈顿计划中一处绝密的设施，原子弹也属于该计划，因此没有留下照片且仅有少量的手绘图片。

但这足以证明这种反应是可控的。

原子武器

20世纪40年代初第二次世界大战爆发，美国政府出台了一个曼哈顿计划，旨在利用核反应的力量来制造原子弹。当时有两种可行的办法，第一种是使用浓缩铀，移除一些不能裂变的铀-238以加速链式反应；第二种是从铀中制造一种前所未有的放射性元素——钚，用来放大链式反应的威力。1945年，第二种办法产生的惊人能量以一种人们难以想象的方式得到了展现。当年7月，美国在新墨西哥州的沙漠中对一枚带有钚芯的炸弹进行了试爆。随后的一个月，一颗铀弹落在广岛，一枚钚弹落在长崎。美国总统杜鲁门预计，爆炸造成的破坏将让日本领导人明白他们无法赢得战争，让盟军不必冒险入侵日本。

核燃料中产生的高速粒子在撞击反应堆冷却液时产生了可怕的蓝光。

核能发电

战争结束之后，科学家们的注意力开始转向如何利用核反应来产生能源。1951年12月，爱达荷州Arco的EBR-1反应堆顺势而生，最初产生的电力足以照亮四个200W的灯泡。这个反应堆的主要作用是印证费米的猜想，即核裂变其实可以产生更多的核燃料。事实证明确实如此，而这个由钚核提供燃料的反应堆被称为增殖反应堆。不过它产生的能量并不多，只够给它所在的大楼供电。1954年苏联的奥布宁斯克市获得了开放第一座商业核电站的赞誉。就像在CP-1中一样，核燃料被包裹在石墨中，将金属控制棒推入反应核中以吸收一些中子。拉出控制棒可以使反应速度加快并产生更多的热量。现今，世界上大约十分之一的电能是由核反应堆产生的。美国和法国对核能的需求更高，而最大的核电站是日本的柏崎刈羽核电站，总功率有800万kW。

68 晶体管

晶体管是集成电路的基本组成部分。晶体管几乎是一切现代电子设备的关键部件，从手机、心脏起搏器、电视、电脑到飞机。

第一个使用锗元素作为半导体材料的晶体管。这个复制品大约是信用卡的一半大小。

晶体管是用来调节电流的装置。它就像电流的开关或“门”。现代晶体管由三层半导体材料组成。半导体是对电流有很高电阻的固体，如硅或锗，但它们的电阻并不足以成为绝缘体。用不同的掺杂工艺使其一边形成含电子浓度较高的N型半导体，另一边形成含有较高浓度的“空穴”的P型半导体。晶体管可以是一个N型半导体夹在两个P型半导体之间（PNP）或者是一个P型层夹在两个N型层之间（NPN）。半导体内部的电流或电压的微小变化会使流经整个元件的电流产生很大的变化。这可以使电流在一秒内变化数次，使晶体管成为一种非常精确的控制元件，非常适合应用于计算机。

贝尔实验室的成果

工作于新泽西贝尔实验室的威廉·肖克利、约翰·巴丁和沃尔特·布拉顿在1947年发明了晶体管。后来，这三位科学家因他们的成就而被授予了诺贝尔物理学奖。此前，计算机和其他的复杂电子装置中往往使用真空电子管来调节电子信号，由于电子管经常过热，电子设备常常会陷入瘫痪，而且这些电子管的体积很大，所以最早的计算机通常体积巨大。

1952年，晶体管被第一次商业性地应用于助听器上，两年后它被应用于收音机。1959年，美国第一颗人造卫星使用了锗和硅晶体管。在这个时候，人们发明了将一组电子电路固定在硅芯片上制成的集成电路。在此之后，晶体管变得越来越小。2008年，一个由韩国工程师组成的团队生产出了三亿分之一米（3nm）宽的晶体管。

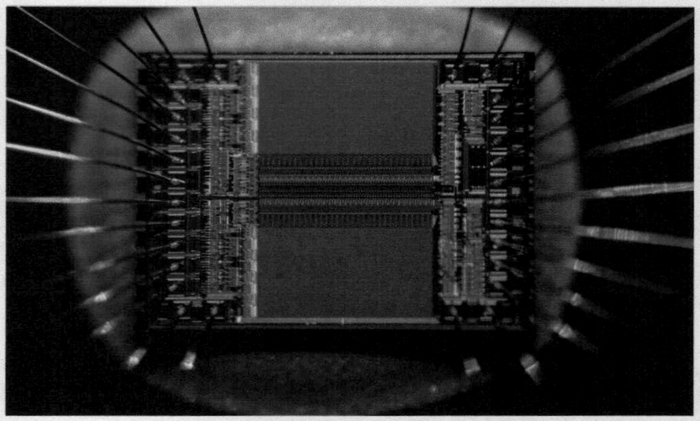

微芯片是在集成电路表面上蚀刻晶体管的一块硅片。一个现代的微芯片上包含着数百万个到十亿个晶体管。

69 激光

激光器是一台能吸收全部光线，产生极为集中光束的机器，它为数十亿个原子提供能量，使其同时受激发光。激光在工业、医学和娱乐领域都有着广泛的应用。

1918年，马克斯·普朗克发现了激光，他发现光和其他辐射是由能量团组成的，这种能量团称为光子。多年以后，哥伦比亚大学的科学家查尔斯·汤斯提出了制造一个“脉泽”（微波激射器）的想法，“脉泽”这种机器可以放大看不见的微波。1957年，他提出了“脉泽”关于光的受激辐射放大的初步设想，他的研究生戈登•古尔德申请了一个通过受激辐射装置（激光器）进行光放大的专利。

1960年，西奥多·梅曼根据汤斯、古尔德等人的理论成果，制造了第一台激光器。梅曼使用了一颗巨大的，一端镀有反光镜的红宝石晶体。光线照射在红宝石上，将光子“注入”其中，这些光子激发了红宝石晶体中的电子。被激发的电子跃迁到一个高能量水平，释放出更多的光子后回落到低能级。光子在反光镜之间来回反弹，稳定地积累。当光子从晶体中释放时，就形成了强大的红光束。激光的基本原理是相同的，产生的光则可以是任何波长或颜色的。

激光会产生由振动方式完全相同的波组成的相干光。这使得光束可以被非常精确地反射。高功率的光束可以切割塑料、织物，甚至金属。激光甚至被作为外科手术中的切割和烧灼工具。激光还可以读取CD和DVD上的数据，在超市收银时扫描条形码，还可以在灯光表演中为人们提供娱乐。

激光可以由晶体、气体和化学反应产生。它不仅仅是漂亮的灯光，还可以用于医药、美容、扫描仪、温度计、超级制冷系统和制导系统。

70 现代技术

人造卫星

作为对万有引力定律解释的一部分，英国物理学家艾萨克·牛顿描述了一种可以发射到太空并持续绕地球旋转的炮弹，换句话说，是一颗人造卫星。

回声计划

1962年，通信1号卫星首次在欧洲和北美之间发射了电视直播图像。然而，世界上第一颗称为回声1号的通信卫星是一个巨大、闪亮的气球，内部充满了空气。在1960年，通信1号卫星利用了绕地轨道1600km高的一个储气罐进行充气。这个金属气球成了太空中的一面镜子，将无线电信号从一个大陆反射到另一个大陆。

1957年，在牛顿提出这个惊人描述的290年之后，科学家从天空中探测到了无线电信号微弱的“哔哔”声。这个声音来自于1957年10月4日苏联发射的第一颗人造卫星，重约84kg的“斯普特尼克1号”。在冷战时期超级大国之间的军事竞赛中，斯普特尼克是苏联在太空竞赛中取得一大成功。虽然是受政治的影响，但斯普特尼克的研发是以促进科学的名义进行的。美国航天局试图模仿苏联的成功模式，但在此期间，苏联于1957年11月又发射了人造卫星斯普特尼克2号，在这次的发射中运载了一只名叫莱卡的小狗，这表明动物也可以被送入太空，为人类进入太空拉开了序幕。

太空工程的内容不止于此。1945年，英国科学家和科幻小说作家阿瑟·克拉克描述了在未来卫星以光速将通信传送到世界各地的情景。这就需要将卫星送入地球静止轨道，使航天器的轨道运行速度与地球的转动速度保持一致，在地面上35787km的高空的同一位置上保持相对静止。这样的同步卫星将是发送和接收无线电信号的理想选择。

1946年，美国物理学家小莱曼·斯皮策提出，在约644km高度的低地球轨道上架设望远镜的想法。这促使了1990年的哈勃太空望远镜的出现。

气象卫星和侦察卫星常常在地球的两极间环绕，这样它们就可以定期飞越地表各处，而在地球中轨道上的导航卫星的距地高度约为20 117km，这意味着它们每12小时绕地球轨道一周。

与飞机不同，空气动力学的形状对人造卫星来说并不是必需的，实际上它可以是任何形状的。斯普特尼克1号是带有四个天线的铝制球体，就是这四个天线发出了改变世界的无线电信号。

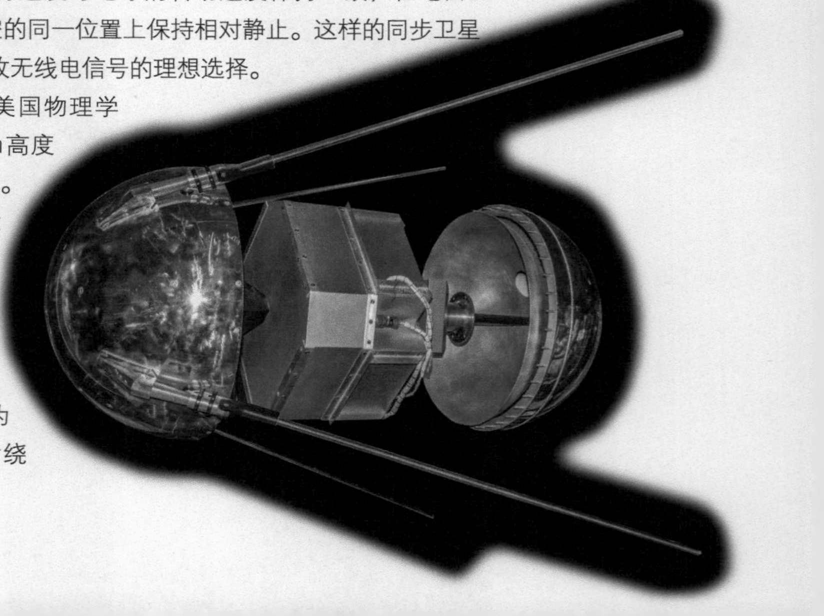

71 化肥

1789年，托马斯·马尔萨斯预言人口的增长最终将超过地球种植粮食的能力。除非能找到一种新的营养源，否则人类就注定要灭亡。

肥料以粉末或液体的形式被施加到土壤中，使作物可以年复一年地在土壤中生长，而无须中断种植来使土壤恢复养分。

在随后的几年中，的确发生了毁灭性的饥荒，地球上越来越多的人口都遭受到营养不良的问题。然而，到了20世纪60年代，发生了一场绿色革命，应用一系列技术，共同解决发展中国家的粮食短缺问题。除了新的作物品种和更好的灌溉技术，这场革命中最关键的武器是大规模生产的化学品，这在很大程度上要感谢德国化学工程师弗里茨·哈伯。

生命的供给

所有植物的生长都离不开氮元素，包括我们吃的农作物，因为氮元素可以生成植物的蛋白质。氮气是空气中最丰富的气体，但植物不能从空气中吸收氮元素，而是吸收土壤中的含氮化合物。当这些化合物耗尽后，土壤变得贫瘠，因此农民用肥料取而代之。几个世纪以来，肥料都是像粪便这样的天然物质。1911年，德国人哈伯发明了一种用稀薄的空气或者说用其中的氮气做原料来制造化学肥料的工艺。

哈伯博斯制氨法生产出的合成氨是一种氮和氢的化合物，可制造成肥料以及其他许多有用的化学品，包括炸药。据估计，富含氮的化肥使世界上三分之一到一半的人口能够免受饥饿。

哈伯博斯制氨法

哈伯博斯制氨法是将氮气和氢气混合，加热到450℃左右，然后对其施以200倍左右的大气压力。在这些条件下，氮气和氢气经过铁的催化而相互发生反应。所产生的氨随后被冷却成液体并排出，多余的气体被回收到装置的起始位置，重新进行反应。

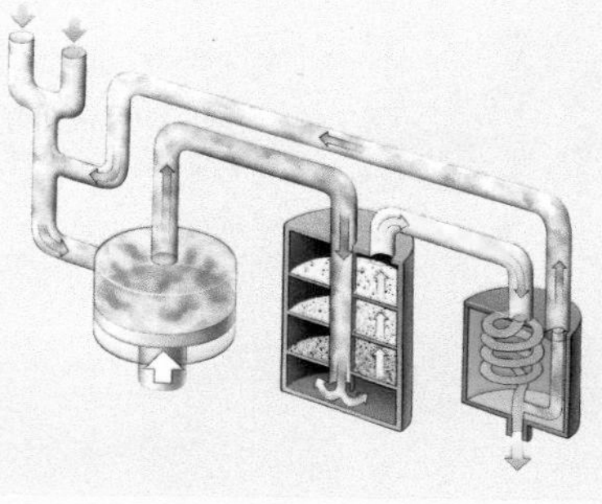

72 石油钻井平台

自19世纪第一口油井的钻探以来，人们一直在寻找更大储量的油田。其中许多油井都位于海底，如何安全地在海洋中进行钻探，是人们面临的一个严重挑战。

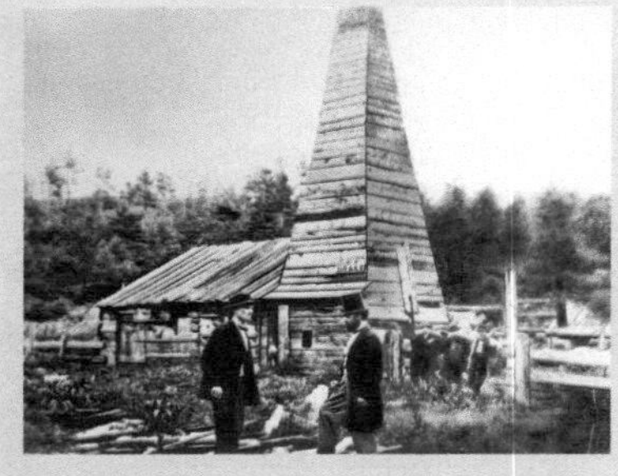

石油业

1859年，埃德温·德雷克在宾夕法尼亚州泰特斯维尔附近钻探了第一口油井。到1910年时，人们在苏门答腊、伊朗、秘鲁、委内瑞拉、墨西哥和加拿大相继发现了重要的油田。到20世纪50年代后期，石油已成为世界范围内最重要的燃料。目前，排名前3位的石油生产国分别是沙特阿拉伯、俄罗斯和美国，世界上80%的石油储量位于中东地区。

1896年左右，人们在加利福尼亚海岸附近的码头进行了首次海上钻探。20世纪30年代，在德克萨斯州附近的海域，钢驳船首次被用于浅海钻井，并在路易斯安那州海岸线外4.3m的水域建造了一座固定平台。由于海面上波涛汹涌，在离海岸较远的船只上进行钻探工作非常困难。随着技术的进步，混凝土或钢制的支架可将钻井平台固定于海底，深度最大可达518m。

半潜平台

1961年，墨西哥湾地区出现了一种革命性的钻井平台。在深海1号潜水器被拖到半潜水状态，最终着陆海底的过程中，工程师们注意到，这个巨大的钻机在漂浮状态时十分稳定。因此得到一个结论：钻井平台可以在海上保持漂浮，而它们的重量足以在汹涌的海面上保持稳定。工程师们就这样偶然地发现了深水钻探的解决方案。两年后，世界上第一座专用的半潜式采油平台“海洋钻机”正式启动。

现代半潜式平台可以在3048m深的海域中运行。尽管连接海底的固定式钻井平台也十分稳定，但无法在如此深的水域中作业。虽然很不稳定，但还有一种可以在3658m深的水下钻探的钻井船，通常被应用于勘探而不是生产。

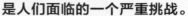

钻井平台坚固的柱子中充满了水，使它们沉到海面以下。由于钻井平台很大一部分重量都在水下，因此不会受到水面波动的影响。

73 SR-71黑鸟侦察机

在很大程度上，是战争推动了航空技术的发展，因为作战双方都在竞相开发能够比对手飞得更快的飞机。1964年，有史以来速度最快的有人驾驶飞机问世，它并不是为了攻击敌人，而是为了逃脱。

SR-71黑鸟侦察机的涂层可以吸收雷达波，并且它的形状也有助于分散雷达波。在高速飞行中，机身产生高温并发生膨胀。由于机身膨胀，在飞机降落到地面后，它的接头处会变松而不断地漏油。

在20世纪40年代，喷气推进技术的发展将飞机的飞行速度提高到每小时966km以上，由此也产生了一个新的问题：飞机是否有可能突破音障？音障是声波在空气中传播的速度，大约为每小时1234km。没有人知道，超过这个速度飞行的飞机是否还遵循空气动力学，是否还可以控制，还是会成为一个注定要解体或坠毁的流星。众所周知，子弹可以冲破音障，所以人们发明了贝尔X-1，一架子弹形的飞机，并使其成为了首架尝试超音速飞行的飞机。1947年10月14日，美国空军试飞员查克·耶格尔驾驶这架火箭推力飞机，并载入了史册。又过了七年左右，喷气式飞机才真正做到了超音速飞行。最主要的革新是加入了后燃室，将额外的燃料喷入燃烧的热喷口，产生的次级推力推动飞机突破了音障。1954年，美国空军的超音速飞机F-100“超级军刀”开始投入使用，它的最高时速为1390km。自此以来，所有先进的空军都装备有超音速喷气式飞机，其中最快的通常用来拦截敌人的飞机。

然而在1964年，一种新型的超高速喷气式飞机“黑鸟SR-71”问世了。这是一架不搭载武器的间谍飞机，在深入敌方时巡航高度可达25 900m。即使被探测到，它的设计速度也能够超过任何超音速导弹的追踪，而不被击落。在必要时，飞行员的飞行速度可以超过3马赫（即音速的三倍）。全速飞行时，飞机的表皮温度将达到260℃，甚至挡风玻璃的内侧也将达到121℃。1976年，SR-71创造了喷气式飞机最高时速3529.6km的纪录。

74 互联网

没有什么工程能像互联网这样，使世界发生翻天覆地的剧变。起初，互联网是为军事通信而设计的安全系统，而现在互联网已经连接起了千家万户。

网络工程师

分组交换技术是互联网依托的基本技术，它是由美国的保罗·伯兰和英国的唐纳德·戴维斯（见下图）在20世纪60年代分别独立发明的。当然，还有另一项关键技术：TCP/IP，它是一个规则或协议，定义了数据包在网络中发送的方式。TCP/IP协议是由美国人罗伯特·卡恩和文顿·瑟夫发明的。

1940年，乔治·斯蒂比茨将他的复杂数字计算器（一种机电式的计算机）连接到了电话线上。另一端连接着一个键盘，斯蒂比茨就可以在远处操作他的设备。我们如今所认识的计算机尚未出现，但计算机网络却已在此时被发明出来。

1943年，IBM总裁托马斯·沃森曾说过一句名言："我认为世界上大概只有五台电脑的市场。"而如今，可能连接到互联网的计算机设备比地球上的人口总数还要多。但考虑到这个断言比1946年最原始的数字计算机出现的时间还要早，因此情有可原。在那几年里，沃森并没有错的离谱。直到20世纪50年代，计算机还是一台会占据整个房间的巨大机器，并且还会花费很多的钱。因此，计算机数量很少并且一般相隔很远，一般会建立独立的主机，主机内存储着公司总部要求处理的枯燥数据，如工资、记账单、库存管理等。直到20世纪50年代末，美国军方推出了一种基于计算机的防空系统之前，没人认为有必要把这些设备连接起来。

调制解调器

正如斯蒂比茨所做的那样，军用计算机是通过专用电话线相连的。想要通过电话线进行通信，必须先将计算机的数字信号转换成语音，这跟通过电话线传递语音的方式很像。这个过程是通过一个叫作调制解调器的设备来实现的，是调制器和解调器的集成。早期的调制解调器被设计成一个接入电话听筒的样子，输出信号

根据阿帕网1977年的地图显示，当时的网络已经连接起整个美国大陆的节点，并通过海底电缆与夏威夷和英国连接。

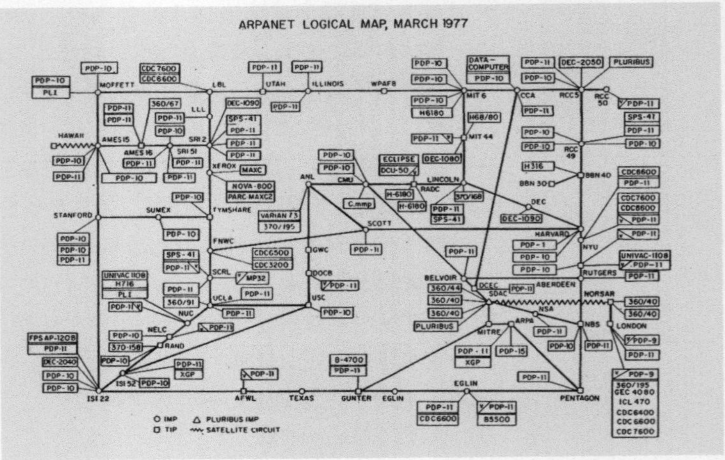

电子邮件中的@符号

使用联网计算机发送电子信息或电子邮件的行为可以追溯到1961年。但是，这些系统只在封闭的网络中运行，如果需要连接互联网则需要更新系统。1971年时，雷•汤姆林森设计了一个系统，它允许消息从一个网络或“域”离开，并发送到另一个网络中。他使用了“姓名@域名”的地址格式。在此之后“@”便成为了一个非常常用的字符。这个符号作为“at”的缩写在20世纪初被添加到标准键盘上。@符号其实可以追溯到更久以前，它曾记载于公元1345年的一个希腊编年史上。

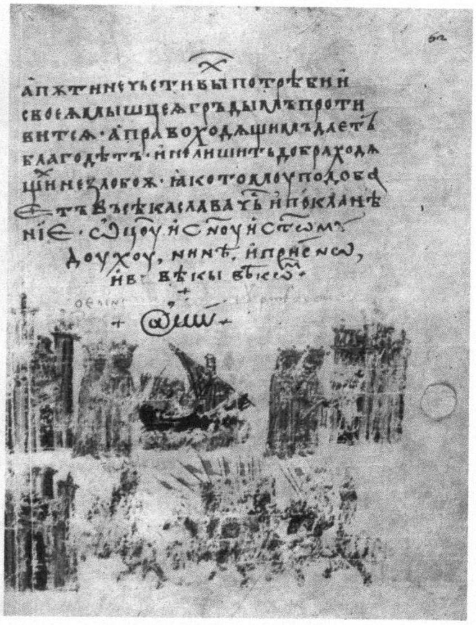

进入话筒，再从听筒处输入信号。

阿帕网

在20世纪60年代，美国的网络非常容易受到攻击。一条线断了就可能导致整个系统瘫痪。为了解决这个问题，他们研究开发了高级研究计划署网络，简称阿帕网（ARPANET）。它使用分布式网络连接计算机，类似于电话网络。然后在计算机之间发送的信号就可以找到它们各自的目的地。在一条路径被阻塞时，信号可以选择另一条路由，这就利用到一种称为分组交换的通信技术。

在分组交换中，信息的内容被分成若干个数据包。每个数据包都有目的计算机的地址和源数据的位置信息。数据包并非以精确的顺序在单个连续的数据流中一起传送，而是独立地按照随机顺序传送，这种传输方式可以随意被断开或干扰。在传送的目的地，接收计算机将重组整条信息的所有数据包，并请求重传丢失的包。

网络与网络的互联

阿帕网建立于1969年，当时美国四所大学开始通过它来交换信息。这个网络一直扩大，直到20世纪80年代后期，其他通信网络与阿帕网相连并融合成了一个网络——互联网。互联网是由电缆和节点组成的物理网络，信号根据一组称为TCP/IP的协议在互联网上进行传输。最初该系统仅用于发送电子邮件和传输文件。然而到了20世纪90年代，万维网——一种新的技术诞生了，是它将互联网带入了千家万户。

后来，调制解调器在连接方式上变得更加严密，但其工作方式仍与早期的调制解调器相同，30多年以来，调制解调器一直是连接互联网必不可少的一部分。

75 阿波罗飞船

美国宇航局的阿波罗计划在1961年启动时，它的目标是“让一个人在月球上着陆并安全返回地球。”八年后，阿波罗11号计划终于实现了这一目标。

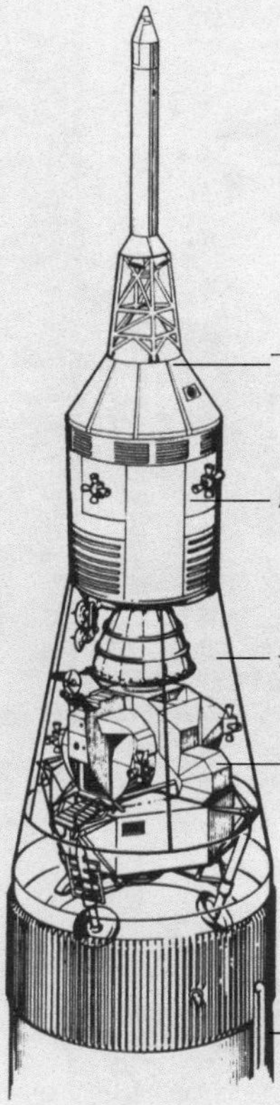

美国国家航空和宇宙航行局用来解释土星V火箭的有效载荷的插图。运载人员位于指挥舱中，下方装载有登月的机械。

1969年7月16日，一枚运载着阿波罗11号宇宙飞船的巨大三级火箭——土星五号从佛罗里达州的肯尼迪角发射升空。第一级和第二级推进火箭在燃料耗尽后脱离，落入海中。第三级火箭（S-IVB）在地球轨道上经过短暂的停留之后，再次点火。宇宙飞船的指令舱或称服务舱（CSM）与火箭分离、旋转，并与位于S-IVB内的登月舱（LM）对接。一旦锁在一起时，指令舱和登月舱就与火箭分离，穿越太空奔向月球。

宇宙飞船有三个部分：加压指令舱是飞船的控制中心，里面是宇航员的住所和许多控制面板。只有这一部分会返回地球。与指令舱相连的是包括推进发动机、储气罐和推进燃料在内的非承压服务舱，是用于将航天器送入或推离月球轨道的推进系统。第三部分是登月舱。

宇航员尼尔·阿姆斯特朗和巴兹·奥尔德林在绕月球轨道飞行后，将登月舱降落在月球表面。登月舱上的生命维持系统，能够维持他们四至五天的生活。他们在月球上时，指令舱由第三名宇航员迈克尔·柯林斯控制，维持在环月轨道上。

登月舱与指令舱再次对接后，飞船脱离月球轨道返回地球。服务舱在重返地球大气层之前就被丢弃了。最终返程回到地球的舱体仅有载着三名宇航员的指令舱。返回舱的防热罩可以防止指令舱被烧毁，在7月24日，落在太平洋的降落点时打开了一个降落伞。阿波罗飞行计划共进行了六次，直到1972年该计划结束。

在20世纪70年代初期向公众展示的阿波罗登月舱，在那一小段时期，登月任务是例行的事件。

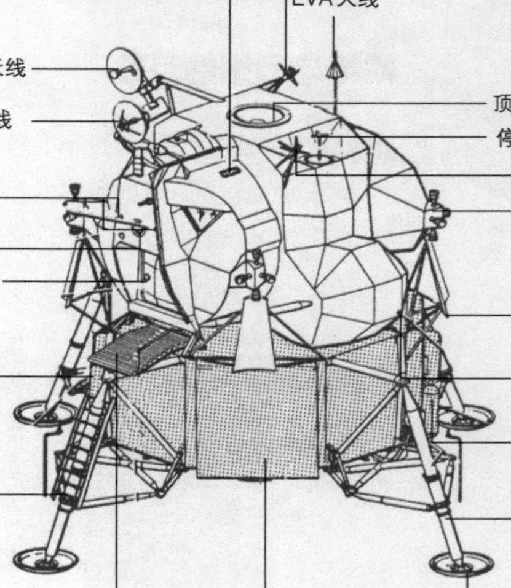

76 大型喷气式飞机

在20世纪60年代，航空旅客的数量迅速增长。乘客人数从1960年的1.06亿增加到6年后的2亿。航空公司一直在努力应对这一需求，直到波音公司推出了747“大型喷气式飞机”。

波音747飞机的前部有着一个可以容纳双层机舱的凸起，看起来很有特色。更重要的是，作为世界上第一架宽体客机，它的容量是20世纪60年代标准波音707客机的2.5倍。

航班服务

1970年1月，由泛美航空公司运营的大型喷气式客机首次开设了往返于纽约和伦敦的固定航班。它是世界上第一架宽体客机，可以搭载452名经济舱乘客，在去掉头等舱和商务舱座位后，则最多可以搭载550名乘客。它的翼展长度59.7m，配备有四架翼挂式喷气发动机，巡航速度可达每小时893km。凸出的上层舱体可作为头等舱或容纳额外的座位。拆掉座椅并在飞机前部安装舱门后，它还可作为货机使用。

起初，大型喷气式客机的销量并不乐观，波音公司计划最多制造400架，但它得到了不断的成功。到2016年3月，波音已经制造并售出了1500架以上的喷气式客机。目前，最常见的载客型747客机是747−400型，它一次飞行里程可达13 438km，载客量高达660人。

从20世纪70年代起，大型喷气式飞机和其他宽体客机被用来在大型机场之间运送大量乘客，这些机场被称为“枢纽”机场。较小的飞机则在辐射式机场之间飞行。

“云杉鹅”号飞机

这架“云杉鹅”号水上飞机（又被称为H−4大力神号）是为二战期间，在大西洋上空运重型货物而设计的，但飞机还没制造出来，战争就已经结束了。由于战时对铝的使用限制，它的制造材料使用了云杉木，它拥有有史以来最大的翼展，长达98m，达到了大型喷气式飞机的一半。虽然它在1947年首航成功，但在此之后再也没有飞行过。

77 LCD 液晶显示器

在20世纪70年代，液晶显示器（LCD）体积变得更小，价格变得更低，因此在手表、游戏机和便携计算器上得到了广泛应用。如今，液晶显示器已经成为人们最常用的屏幕类型。

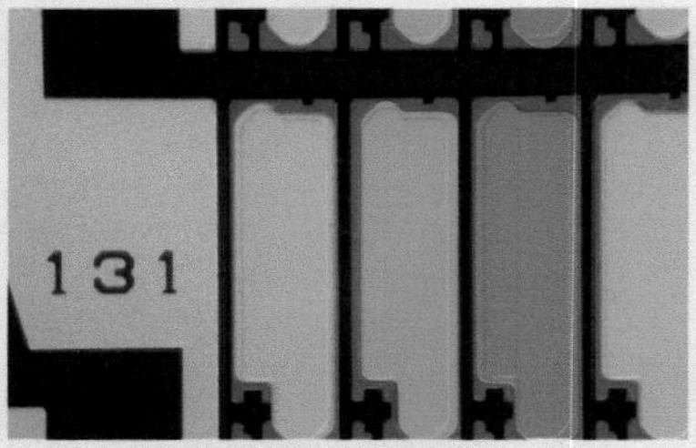

液晶这种化学物质，在通电后光学性质会发生改变。具体来说，它在通电后可以阻挡偏振光（一种所有波都在同一方向振动的光束）的通过。LCD由多层结构组成，底层是提供偏振白光的发光二极管。白光通过一层液晶后，通过多个彩色滤光片。如果光线能通过所有的滤光片，屏幕就显示出白色。在按照特定的图形通电后，液晶就会依此阻挡住照射到滤光片上的特定光线，特定颜色（或无色）的光点就会出现在显示屏上，由此显示出对应的彩色图像。

LCD是由像素组成的——屏幕越大，像素就越多，所显示出的画面就会越生动、清晰。每个像素都包含三个颜色的像素单元，红色、蓝色和绿色。这些彩色的像素单元，共同组成了图像或文字上的彩色光点。

78 基因工程

1974年，鲁道夫·杰尼施培育出了世界上第一只基因工程动物，一种患有先天白血病的老鼠。如今，基因工程师们可以对几乎所有物种的生物体进行基因改造，这使得基因工程成为了农业技术和医学研究的最前沿。

在某种意义上，人类已经做了几千年的基因工程师。我们的农作物、宠物和家畜都是经过人工繁殖的结果，在这个过程中，人类改变了其他生物体的基因遗传。然而，这一进程需要花费几代人的时间。在20世纪70年代，基因工程师们找到了缩短这一自然过程的方法，并将新的DNA植入了生物体中。有以下几种植入方法可以做到这一点：

一种方法称为基因枪法，就是用新的DNA去轰击细胞样本，一部分细胞会吸收这些新的DNA并存活下来。另一种方法是利用病毒，这些病毒把它们的DNA加入到宿主细胞的DNA中。耶尼施创造了一种携带了特定白血病基因的病毒，并用它感染老鼠。这些老鼠的后代遗传了这些外来的基因。

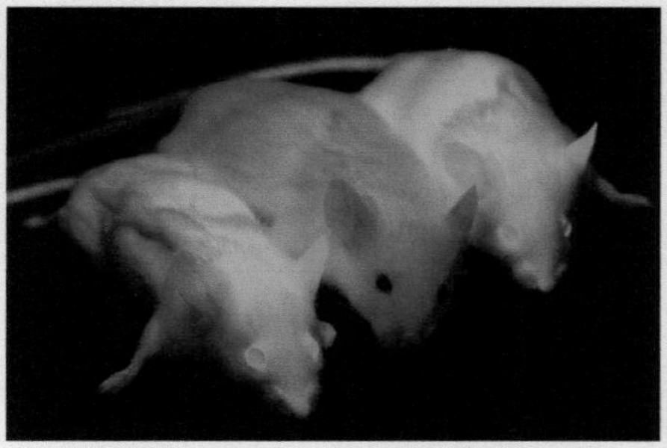

图上这三只老鼠，没有一只是失明的。中间的一只是野生型，另外两只老鼠是植入水母基因，经过基因改造培育的。这些水母基因能够让老鼠制造出在黑暗中发光的蛋白质。

79 MRI 核磁共振成像

1977年，世界上第一台核磁共振成像仪被用于人体全身扫描。与X光扫描不同，核磁共振成像机所产生的图像显示的是软组织以及骨骼。

X射线扫描仪从20世纪初就开始使用了。它们用高能量的X射线照射人体。大多数射线径直穿过，只有像骨头和牙齿这样的致密物能够阻碍它们。这使得骨骼在X射线下投下阴影，射线被照相纸捕捉到并形成X射线图像。X射线扫描可以发现骨折，但不能发现任何软组织损伤。

20世纪70年代，人们开始寻找它的替代办法。超声波扫描可以利用人体内部结构反射出高频声波，而计算机辅助断层扫描技术（CAT）可以利用从各个角度发射的X射线，描绘出更详细的人体二维断层图像。在大多数情况下，核磁共振成像提供的影像都是最清晰的。

核磁共振（MRI）意为“磁共振成像”（magnetic resonance imaging），扫描仪中包括冷却到极低温度的超导电磁铁。它所产生的磁场大约比地球磁场强2万倍。它通过对磁场中的人体施加某种特定频率的射频脉冲，使人体中的氢原子发生磁共振现象，这个过程是无害的。脉冲停止后，原子核从激化状态恢复到平衡状态，并发射出电波信号。MRI接收到这些信号，并使用它们构建出原子位置的图像，从而显示出人体结构的细节。MRI既可以显示二维图像，也可以显示三维图像。

大型医院都配备有核磁共振成像设备。它被用来检查大脑、血液供给以及骨骼和肌肉的细微特征。它被作为其他扫描和检查的必要补充，或在诊断疑难症状时使用。

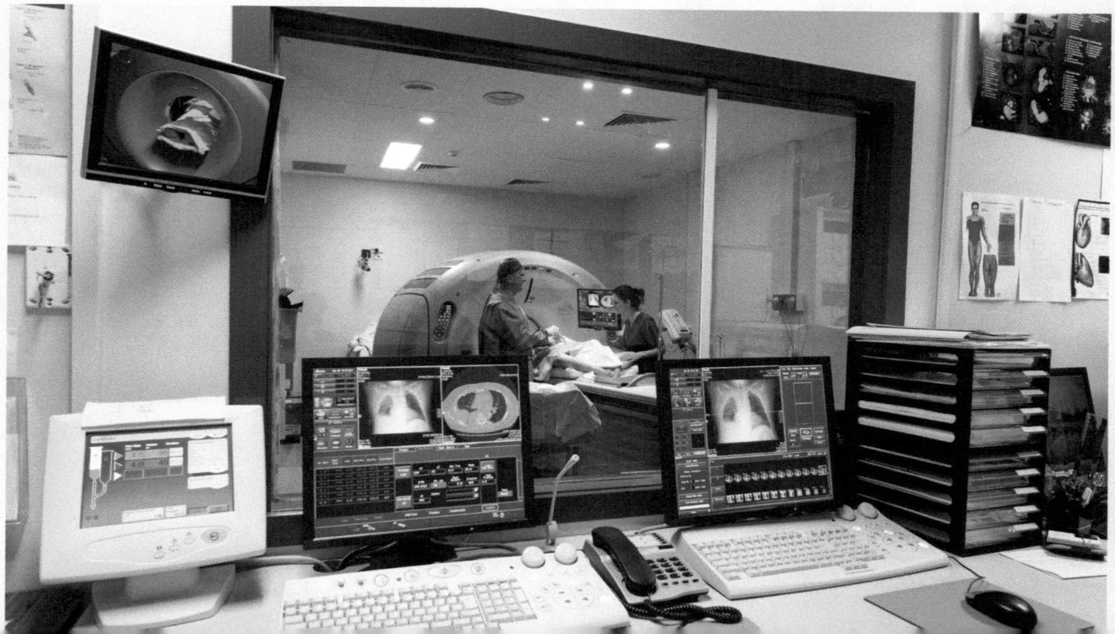

80 巴格尔288（Bagger288）

人们制造出了一种被称为斗轮挖掘机的连续掘进机，用于露天矿的开采。直到1978年，更大的挖掘机才出现，这台巴格尔288，成为了世界上最重的陆地车辆。

这个巨型挖掘机有着非同寻常的重要意义：在德国的汉巴赫露天煤矿挖掘大量的泥土和岩石，来开采有价值的煤炭矿藏。如此大的工作量需要一台巨型施工机械。巴格尔288长220m，高96m。前方有一个直径为21m的回转轮，其上带有18个铲斗。回转轮被固定在悬臂上，还有一个用于平衡的配重臂，防止挖掘机倒下。

巴格尔的德语意思是“挖掘机”，它的运转需要16.56MW的电力。该挖掘机共有18个铲斗，每个铲斗容积6.6m^3，每天能够挖掘24万t的煤矿，相当于挖出一个30m深的足球场。它一天所采的煤能够装满2400辆运煤车。有一次，铲斗竟然误铲了一台推土机。

这台挖掘机的上部构造靠三套四轨履带支撑，每条履带宽3.7m。挖掘机要前往新的挖掘地点时，就使用这个履带以每分钟10m的速度前行，比任何车辆都要慢。但由于它的履带面积很大，将13 500t的重量分散到了很大的面积上，因此可以在土壤、碎石，甚至草地上移动，而不会留下很深的痕迹。直到2001年，巴格尔288将汉巴赫矿的煤层完全铲露出来后，它被开到22.5km之外的另一个场地。要到达那里，它必须穿越埃尔夫特河，跨过高速公路、铁路及几条道路。一个由70名工人组成的团队来确保这项工作顺利进行，整个过程持续了三周。

巴格尔288是一系列巨型挖掘机中的第一台，在面世后的近50年仍然在使用。2013年，这部强大的机器被用作电影《饥饿游戏：星火燎原》中反乌托邦的工业背景的一部分。

81 海上巨人号

这艘有史以来最大的轮船，在1988年遭受攻击后正被拖去修理。在使用自己的动力系统时，海上巨人号强大的蒸汽涡轮机可以推动它以每小时30.6km的速度行驶，但需要减速8km才能够停下来。

人们对石油的需求在20世纪70年代急剧增长。炼油厂需要大量的原油来生产汽油和化工产品，燃料发电厂也需要大量的原油。人们面临着这样的问题，如何将足量的原油从油田运输出来呢？

为满足这种需求，人们需要建造出更大的油轮。在日本横须贺造船厂完工时，“海上巨人号”是当时世界上最大的油轮，满荷载达657 019t，长458m，宽69m。它的长度是美国最大航空母舰的1.5倍，而且比航空母舰还要宽。它的推进器重50t、舵重230t，体积非常庞大。当“海上巨人号”的46个油箱装满时，它的吃水深度达25m。

由于造船厂和订购公司之间的纠纷，“海上巨人号”直到1981年才得以制造完成，比原定计划推迟了两年。它的体积成为了一个大问题，因为它太大了，既不能通过苏伊士运河也不能通过巴拿马运河，甚至不能在浅水的英吉利海峡中航行。

它在墨西哥湾服役了数年，随后在1988年前往波斯湾。当时，伊朗和伊拉克正处于战争状态，海上巨人在运输伊朗原油时，遭到了伊拉克空军的袭击。体积巨大的它难以避开袭击。降落伞炸弹落在甲板上，火势很快失去了控制，这艘曾经是世界上最大的油轮成为了世界上最大的失事轮船。难以置信的是，在战争结束后，“海上巨人号”被拖到新加坡进行修复，并重新启航，这一次被更名为“快乐巨人号”。在接下来的几年中，她满载原油征服了各大洋。在此期间，“快乐巨人号”先后更名为“亚勒维京号”、“诺克·耐维斯号”、“追浜工业号”，然后定名为“蒙特号”，直到2010年才结束服役。

82 隐形飞机

1983年，一架绝密的军用飞机飞上了天空。由于它的特殊设计，几乎没有人知道它的存在，也没有人能够看到它的出现。这就是F-117夜鹰，世界上第一架隐形飞机。

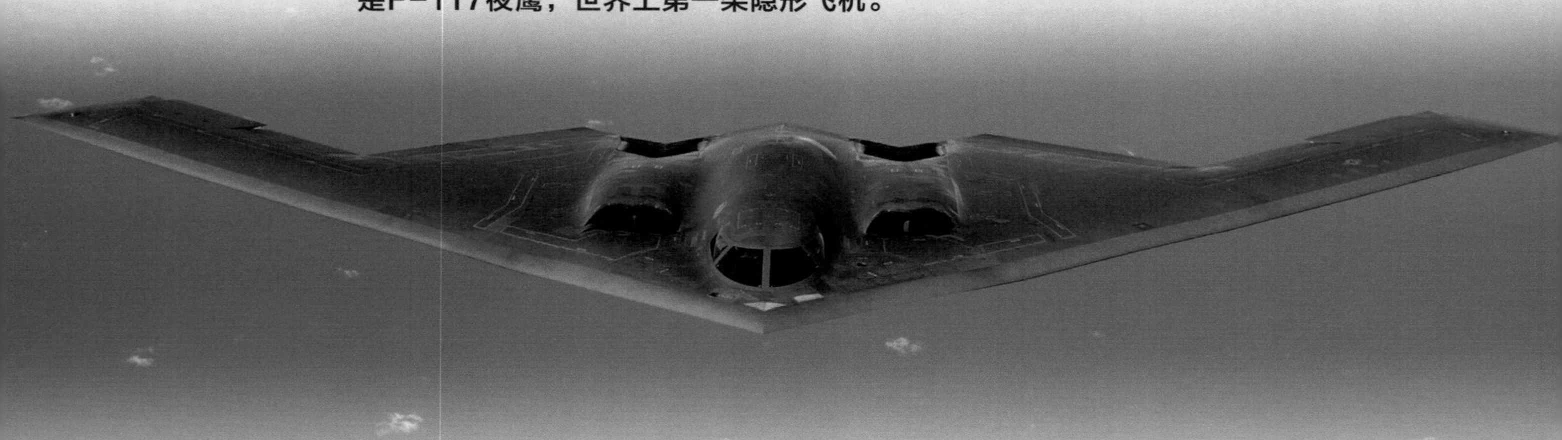

B-2幽灵轰炸机的外形非常独特，从地面上通过雷达探测到它却很困难。它将四缸喷气发动机隐藏在机翼内部，外面的冷空气被吸进来，以冷却排出的废气，这样敌方就很难捕捉到任何明显的热信号。它很难用雷达从地面探测到。

隐形一词在军事领域有特殊的含义：指的是一种使飞机（或者是船只或潜艇）不被监测识别出的技术。F-117夜鹰隐身的特性，很大程度上归功于它的外形，这也是美国政府在1988年之前一直对其保密的原因。1988年以后，美国空军已经拥有了更为先进、更为隐秘的隐形轰炸机，称为B-2幽灵轰炸机。

F-117夜鹰是为了夜间飞行而设计的。在1999年，其中的一架隐形飞机在白天被人凭借目视发现，最终被导弹击落。

由于空气动力学原理，普通飞机的表面是光滑圆润的，而F-117的表面有许多细分的小平面，甚至连驾驶舱的边缘都是锯齿状的。这可以将敌人的雷达信号从几个方向反射出去，而不以真实的形状反射给敌方。喷气发动机的进气道被格栅覆盖，以分散雷达信号和排气口处的热气，使热追踪导弹更难瞄准这架飞机。然而，隐形能力是以牺牲速度和灵活性为代价的。飞行员戏称它为“摇晃的小精灵”。

B-2幽灵轰炸机的设计非常与众不同。它的“飞翼”式设计，使它不但比F-117更快，更符合空气动力学，而且有利于使雷达信号向各个方向散射。F-117隐形飞机于2008年退役，而B-2隐形轰炸机仍在使用。军舰和新一代军用飞机上都使用了隐身技术，此外还使用了能够吸收雷达信号或可以让雷达信号直接穿透的材料。

83 万维网

大部分情况下，互联网和网络的含义是相同的。然而，后者在整整20年的互联网历史中被不断地设计改进，使计算机网络成为我们大家都可以使用的东西。

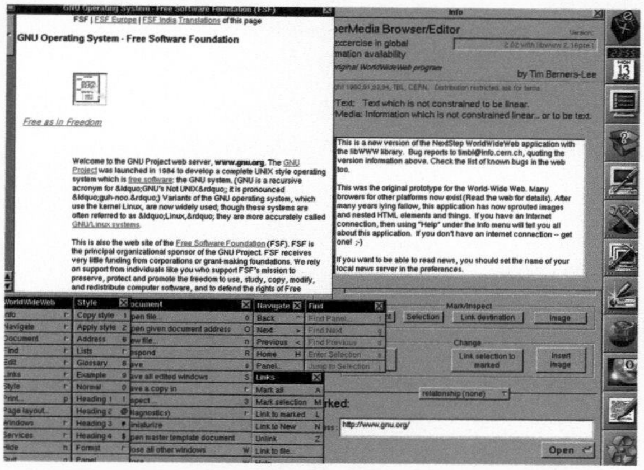

世界上第一个网络浏览器Nexus，从1991年开始仅运行于现已停产的第一代电脑上。现在浏览器中使用的前进和后退按钮最早出现在1993年的Mosaic浏览器上，而现代浏览器正是基于这个浏览器为原型而设计的。

到了1989年，互联网已成为一个庞大的、不断发展的计算机网络，它覆盖了除南极洲以外的所有大陆。这是一张由实体电缆编织成的网络，它承载着数据，还包括了引导数据包流向的服务器。

互联网可以发送电子邮件，可以将大文件从一台电脑上传送到另一台电脑，这一切都非常便捷。

然而，在现在的术语中，它是一项“推技术”，大意就是，数据的所有者将数据推给他想要与之共享数据的用户。如果一个互联网用户想要从其他用户那里获得一些信息，他们只能拿起电话，让对方把信息发送过来，如果他们知道要打给谁的话。

1989年，英国人蒂姆·伯纳斯·李带领着瑞士日内瓦附近的欧洲核子研究组织（CERN）中的计算机科学家团队，发明了一项能从互联网上“拉取”信息以共享信息的方法。超文本传输协议（HTTP）使互联网用户能够主动查找和浏览存储在另一个用户计算机上的信息。伯纳斯·李将这项创造称为万维网（意为世界级的信息网络）。最初在网页上公开的信息仅仅是以文本的形式存在，而如今的网页已经成长为包括了各种数字媒体的网站。

蒂姆·伯纳斯·李现在是万维网联盟（W3C）的领头人，该组织负责监管网络上使用的软件标准。

网络站点需要使用一种叫作浏览器的软件进行查看。在查看的过程中，浏览器会加载存储在远端计算机上的网站内容。用户使用超级链接从一个页面跳转到下一个页面，既可以点击文字也可以点击一块显示可跳转的区域。超级链接是美国计算机工程师范内瓦·布什在1945年发明的，最终被应用于网络。到了20世纪90年代，已经出现了可以搜索网上内容的搜索引擎，起初，搜索引擎只是将搜索词与网页上的词进行简单匹配，后来，谷歌在1998年开始以另一种方式实现了搜索引擎的功能。

84 锂电池

每当我们打开手机、平板电脑、笔记本电脑或数码相机时，我们都用到了性能强大的锂离子电池。锂电池的强大之处在于，它们不仅体积小巧，还可以重复利用。

而普通的干电池则不能重复充电。在干电池内的化学物质产生化学反应的过程中，电池的输出就会不断下降，其中的电能就逐渐耗尽。与可充电锂电池不同的是，尽管锂电池最终也会失效，但用尽的干电池会产生化学污染。锂电池比干电池要贵，但它的缺点很快就会被更长的使用寿命所弥补。

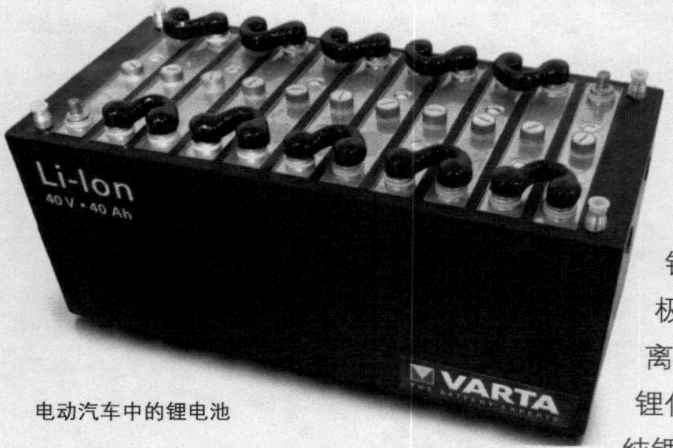

电动汽车中的锂电池

英国化学家M.斯坦利·惠廷汉姆发现了嵌入的概念，可以将离子嵌入到石墨这样的层状固体中，并用来制造充电电池。锂电池的三个组成部分包括：两个电极和一种电解质，电解质可以成为锂离子在电极之间传导的介质。正极是锂化合物，负极通常是石墨（没有使用纯锂，是因为它具有极强的反应性）。锂电池的神奇之处在于，在它放电工作时，正锂离子从负极进入正极。而在电池充电时，这一过程会反过来使电池充满电，可以再次使用。

盐矿

锂具有极强的反应性，因此在自然中很难以元素的形式存在。锂的化合物可以从坚硬的岩石、盐湖和海水中获得。玻利维亚拥有世界上最大的锂储量，但它的主要生产国是智利和阿根廷。含锂盐的咸水从地下被抽上来。当水在阳光下蒸发后，盐的浓度变得更高，经过提炼，最终生产出电池使用的化合物。

早期尝试

惠廷汉姆的第一批可充电电池使用了锂铝和钛硫电极。事实证明，这两种材料性能并不好，电池也并不实用。最终，化学家将锂分置于两个电极上，解决了这一难题。第一批锂电池于1991年上市。如今除了掌上设备，锂电池还被广泛利用于多个领域，从电动工具到电动汽车。

85 全球定位系统（GPS）

1994年，全球定位系统（GPS）中的最后一颗卫星被送入了轨道。虽然最初GPS只允许军队使用，但在几年内，这个在太空中搭载的系统将彻底改变我们查路线的方式。

无线电发射器

在没有GPS的时候，领航员经常需要计算他们的方位。在20世纪40年代，人们开发出了一种被称为LORAN的无线电测距系统。它使用一种无线电发射网络，以信号的来回反射精确地计时。在已知信号发生器之间距离的情况下，人们就可以根据每个信号发生器的返回时间计算出自身与信号发生器之间的距离。

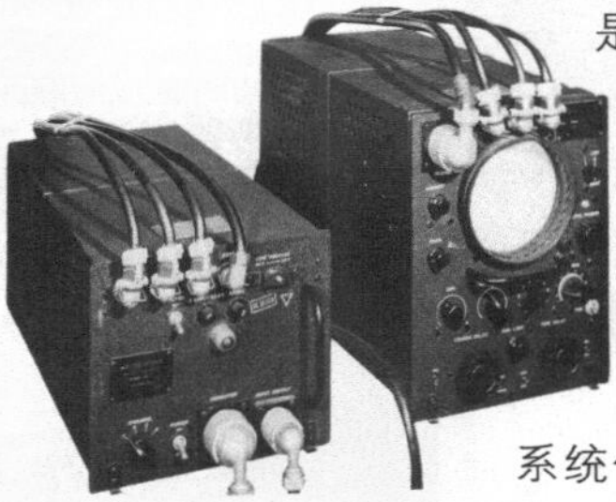

GPS是全球定位系统的缩写。它是美国以军事导航和定位为目标而研发的一项技术，从诞生以来一直被人们认为可以投入民用。如今，它可以用来指引汽车的导航系统，实时记录我们的行程和地点，并可以用于测量土地范围。1994年的GPS系统使用了24颗卫星（如今已增加到31颗），这些卫星属于中轨道地球卫星，以地球自转速度的两倍在天空中进行弧线飞行。这些卫星的探测范围可以覆盖地球上的任何一点（除非卫星信号被山脉或建筑物遮挡）。人们的头顶上至少同时有三颗GPS卫星，它们的存在可以被特殊的无线电信号探测到。

每个GPS信号中都包含了信号的发送时间和卫星的当前位置信息。无线电信号以光速传播，但即使信号的发射速度如此之快，发送和接收时间之间仍存在着时间差。这些微小的延迟提供了每颗卫星之间的精确距离。因此，信号一旦被GPS设备（例如车载GPS）接收到，GPS设备就能捕捉到卫星的位置以及它们距地球的距离。通过这些数据可以计算出设备和使用者在地表几英尺内的精确位置。

太空中的导航卫星越来越多。除了美国控制的GPS系统，还出现了俄罗斯的Glonass系统、欧洲的伽利略系统、中国的北斗系统和印度的NAVIC系统。

86 光盘

1995年，一种新的存储介质——DVD诞生了，它又被称为高密度数字视频光盘。这项技术进步使我们能在单张光盘上存储整部电影。

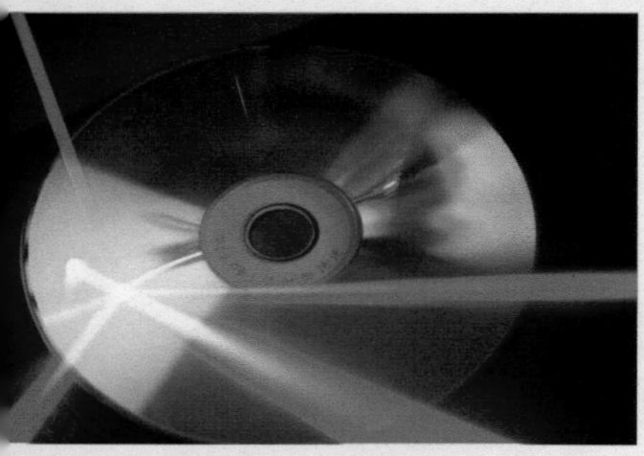

DVD是最新设计的光盘，它得名于用激光读取光盘数据的方式。光盘发明于20世纪60年代。光盘的表面有着细小的螺旋，每个螺旋上都刻有凹凹凸凸的小坑。光盘的旋转使激光沿着这些螺旋运动，激光在螺旋的平面处发生反射，在凹坑处不反射，因此间断的凹凸坑图案对应产生出激光的闪烁图案。接收器将激光的开关反射转换为计算机编码中的1和0。早期的光盘和压缩光盘上的凹坑较大：如CD的凹坑为800nm宽，DVD有400nm的凹坑并被排列成两层，从而可以提供或存储更多的数据。已经取代DVD的蓝光光盘的凹坑只有150nm。

光盘的光泽来自其表面镀的一层铝箔。

MPEGS

DVD将电影存储为MPEG文件。这减少了在存储电影过程中，储存逐帧变化部分所需的数据量。在运动的图像中，所有不变的部分只是重复之前的数据，而变化的图像数据才是需要存储的变量。这种文件压缩方式，也使得通过互联网传输高质量的视频成为可能。

87 桥梁和隧道

20世纪是一个属于伟大工程的时代。每十年中都会有新的桥梁或新的隧道打破长度纪录。2000年7月，波罗的海的厄勒海峡开辟了一个16km长的新渡口，同时贯通了桥梁和隧道。

厄勒海峡是世界上最繁忙的航道。它在瑞典南部同丹麦西兰岛之间，是波罗的海口岸之间最重要的纽带。它将格但斯克、赫尔辛基、圣彼得堡，与更广阔的世界连接到了一起。丹麦首都哥本哈根位于厄勒海峡西岸，而瑞典城市马尔姆位于厄勒海峡东岸。尽管这两个城市属于不同的国家，但它们共同构成了斯堪的纳维亚最大的都会区，而连接这两个城市的跨海峡公路和铁路发挥了很大的作用。然而，跨越这片9km长的海域建造桥梁，会阻

2000 年

“远征队 1 号”的宇航员们抵达了国际空间站，此后该空间站始终有人员逗留。

2006 年

迪拜的人工岛朱美拉棕榈岛完工，并为其增加了 40km 的海岸线。

2007 年

苹果推出了 iPhone。

“死神”无人机是第一架用于侦查和地面攻击的无人驾驶飞行器。

亚马逊 Kindle 面市，这是一种使用了电子墨水的电子书阅读器。

2010 年

世界上最高的建筑——哈利法塔，在迪拜建成。

2011 年

内华达州成为了美国第一个允许自动驾驶汽车上路的州。

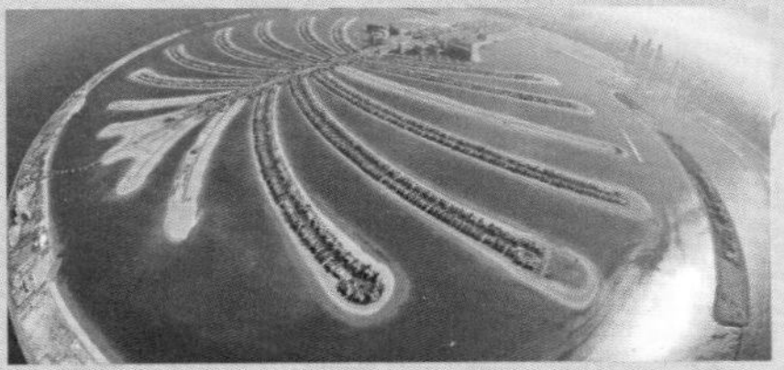

朱美拉棕榈岛

哈利法塔

2012 年

“好奇号”火星探测器着陆，并开始在火星表面进行探索。

2012 年

位于中国甘肃的风力发电基地是世界上最大的风力发电厂。

2013 年

美国的机器人公司——波士顿动力公司发布了一款阿特拉斯人形机器人。

2015 年

日本的 L0 系列磁悬浮列车时速可达 604km，刷新了列车行驶速度的纪录。

2018 年

摩洛哥的努奥二期发电厂成为了世界上最大的太阳能发电厂。

2000 年

人类的基因密码被破解。

2004 年

社交网络 Facebook 成立。

大型强子对撞机

2008 年

大型强子对撞机在日内瓦附近建造完工。

2009 年

人类成功发现了能够解决医学问题的基因疗法。

2010 年

苹果公司推出了 iPad，一种介于笔记本电脑和 iPhone 之间的“平板电脑”。

2010 年

人类发现了阿尔茨海默症的生物学指标。

2011 年

人类在距离地球 600 光年远的地方发现了一个能够支持生命的新行星——开普勒 -22B。

2012 年

科学家们开始在南极的冰层中钻探，试图寻找在湖中冰封了 50 万年的生命。

伟大的设计和创新，造就了无数里程碑一般的工程。这个世界充满了伟大的工程奇迹，其中一些简直令人叹为观止。它们的过人之处各不相同——或许是同类结构中最高或最长的，又或许是达到了功能和美观的完美平衡。

米洛大桥

米洛大桥这座高架斜拉桥横跨法国南部一条宽阔的河谷，是世界上最高的公路桥。它的桥面高出地面270m，张拉起桥面的 7 座巨型桥塔更是达到了破纪录的高度。因为米洛镇附近的这条河谷是前往地中海旅游胜地的必经之路，为了减少度假人群的交通拥挤，人们建造了这座大桥。